"中国小学生爱读本百部经典"活动
好书给小学生推荐，让小学生阅读，让小学生
成为书的主人。

卢勤

全国百位优秀小学校长、优秀教师
联合编审

(排名不分先后)

王洪夫	马步坤	丁国旭	卢 强	韩建州	高卫宾	李慧茹
朱雪玲	张德喜	姜文华	王春香	张兆琴	毛冰力	张莉香
李秀爱	梁丽娜	霍会英	邢连科	张卫勤	张利军	赵孟华
王贯九	韩德轩	吕国强	赵东成	吕付根	寇中华	葛运亭
张海潮	吕红军	蔡满良	李献中	郑彦山	范富来	陶丘平
康振伟	李富军	刘志敏	张明磊	金云超	张立志	张瑞舟
彭延黎	刘晓红	杨军亚	陈培荣	于建堂	吴贵芹	杨富林
马根文	张根军	李全有	康双发	侯 岩	刘洪亮	杨岁武
王茂林	李启红	赵云枝	周东祥	张华伟	王志保	李河山
李文彦	崔富举	刘新宇	杨海林	营四平	任国防	刘聚喜
刘新峰	潘贞瑞	黄四德	武永炎	孟庆德	朱五营	任敬华
陈建中	耿海根	陈新民	李世恩	陈淑华	丁汉洋	丁耀堂
胡耀丽	潘振生	樊来花	张海云	吴卫亭	李德华	吴双民
张会强	郑学德	张洪涛	张立新	杜 斌	刘青松	朱亚莉
姜 伟	张仲晓					

学习型中国·读书工程

优秀小学生
财商大提升

学习型中国·读书工程教研中心　主编

江苏凤凰科学技术出版社　　凤凰含章

～ 主编的话 ～

亲爱的同学们：

　　阅读，可以开阔视野，获取新知；阅读，可以跨越时空，纵横古今中外；阅读，还可以和圣贤对话，与经典同行。

　　杜甫说："读书破万卷，下笔如有神。"的确，取得作文高分的同学都有相同的诀窍——喜欢课外阅读。因为可以从阅读中学到一些好词佳句，掌握写作技巧，积累更多的写作素材。

　　为此，我们精心策划了这套"小学生爱读本"丛书，让小学生们评选出自己最喜欢看的"小学生爱读本百部经典"。根据评选结果，我们邀请全国100位优秀小学校长和老师联合编审，本着"强大阵容打造经典精品"的宗旨，精心编纂了这套有利于小学生身心健康成长的大型丛书——中国小学生爱读本百部经典。

　　这套"小学生爱读本"囊括了中国小学生学习、成长、生活的各个方面，堪称国内较权威、完整的小学生家庭阅读书架。

　　约翰生说："一个家庭没有书籍，等于一间屋子没有窗子。"亲爱的同学们，我们殷切地希望你们能多读书、勤读书、读好书，在读书中品味，在品味中思考，在思考中成长。我们也由衷地相信通过阅读这套"小学生爱读本"，你们必定能够吸收到书籍中珍贵的阳光雨露，为日后成长为对人类有贡献的栋梁之才打下坚实的基础。

学习型中国·读书工程教研中心

"小学生爱读本"丛书图标。

每一章分为若干小节，耐心又细致地为你介绍培养财商的秘诀，简单易懂。

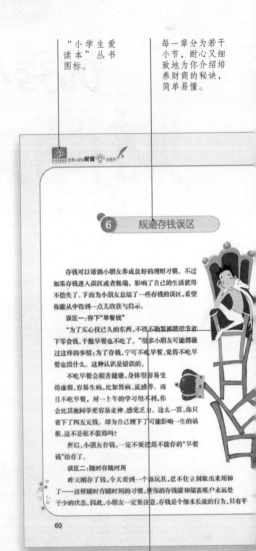

6　规避存钱误区

　　存钱可以帮助小朋友养成良好的理财习惯。不过如果存钱进入误区或者极端，影响了自己的生活就得不偿失了。下面为小朋友总结了一些存钱的误区，希望你能从中得到一点儿收获与启示。

误区一：存下"早餐钱"

　　"为了买心仪已久的东西，不得不勒紧裤腰带省下零食钱，干脆早餐也不吃了。"很多小朋友可能都做过这样的事情：为了存钱，宁可不吃早餐，觉得不吃早餐也没什么。这种认识是错误的。

　　不吃早餐会损害健康，身体很容易变得虚弱，容易生病，比如胃病、流感等。而且不吃早餐，对一上午的学习很不利，你会比其他同学更容易走神、感觉乏力。这么一算，你只省下了四五元钱，却为自己理下了可能影响一生的祸根，这不是很不值得吗？

　　所以，小朋友存钱，一定不要把最不能存的"早餐钱"给存了。

误区二：随时存随时用

　　昨天搁存了钱，今天看到一个新玩具，忍不住立刻取出来用掉了……这样随时存随时用的习惯，使你的存钱罐和储蓄账户永远处于少的状态。因此，小朋友一定要注意，存钱是个细水长流的行为，只有平

60

全彩精美的手绘插画，为你打造出充满童趣和诗意的视觉世界。

每小节后都设有贴心的训练题目。

内容十分独特而有针对性，难易结合，生动有趣。

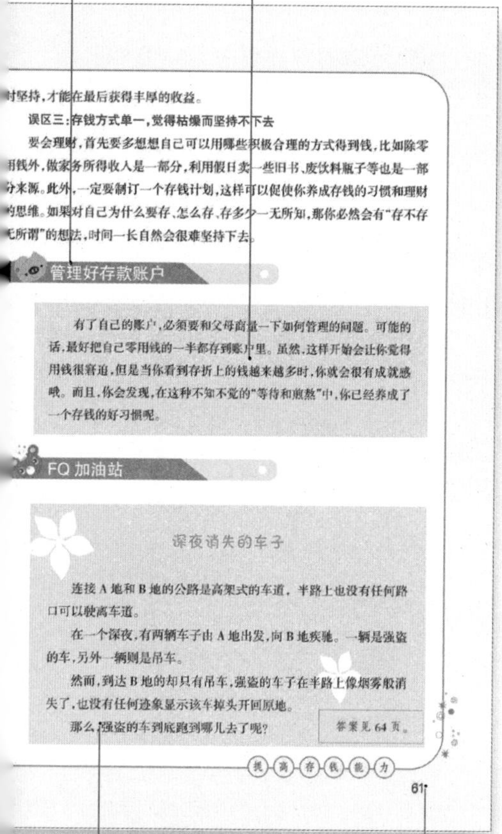

1 观念先进，提倡小学生多元智能及早开发，旨在把小学生培养成全面发展的多向型人才。

2 按照权威专家观点及心理学理论设计结构，循序渐进，方法非常科学。

3 语言浅显易懂，又摆脱了传统的说教，更适合小学生读者。

4 栏目灵活，不仅是单调的方法介绍，还加入训练题、故事、测试、游戏、幽默等元素，内容更丰富。

时坚持，才能在最后获得丰厚的收益。

误区三：存钱方式单一，觉得枯燥而坚持不下去

要会理财，首先要多想想自己可以用哪些积极合理的方式得到钱。比如除了零钱外，做家务所得收入是一部分，利用假日卖一些旧书、废饮料瓶子等也是一部分来源。此外，一定要制订一个存钱计划，这样可以促使你养成存钱的习惯和理财的思维。如果对自己为什么要存、怎么存、存多少一无所知，那你必然会有"存不存无所谓"的想法，时间一长自然会很难坚持下去。

管理好存款账户

有了自己的账户，必须要和父母商量一下如何管理的问题。可能的话，最好把自己零用钱的一半都存到账户里。虽然，这样开始会让你觉得用钱很窘迫。但是当你看到存折上的钱越来越多时，你就会很有成就感喽。而且，你会发现，在这种不知不觉的"等待和煎熬"中，你已经养成了一个存钱的好习惯呢。

FQ 加油站

深夜�...失的车子

连接 A 地和 B 地的公路是高架式的车道，半路上也没有任何路口可以驶离车道。

在一个深夜，有两辆车子由 A 地出发，向 B 地疾驰。一辆是强盗的车，另外一辆则是吊车。

然而，到达 B 地的却只有吊车，强盗的车子在半路上像烟雾般消失了，也没有任何迹象显示该车掉头开回原地。

那么，强盗的车到底跑到哪儿去了呢？

答案见 64 页。

提 高 存 钱 能 力

61

专为小学生读者设计，包括游戏、测试、故事，贴近生活，丰富视野。

页码便于搜索。

名家荐言寄语

"中国小学生爱读本百部经典"活动好在让小学生推荐，让小学生阅读，让小学生成为书的主人。

——著名教育专家、知心姐姐 卢勤

让孩子们从第一本开始，读到一百，那人生就可以读到一千、一万。

——北京大学教授、文学评论家 张颐武

希望"中国小学生爱读本百部经典"可以让父母、老师、同学共享读书的美好时光，分享读书的浓浓乐趣。

——台湾教育学专家、美国UCLA博士 王宝玲

"中国小学生爱读本百部经典"包含了让中国小学生"相伴一生，终身受益"的经典图书。

——香港东方教育研究院院长 陈仲铭

目 录

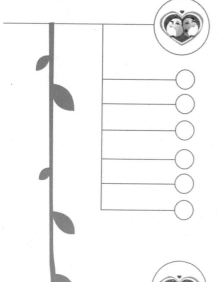

第3章 提高存钱能力 /45

第4章 提升消费智慧 /65

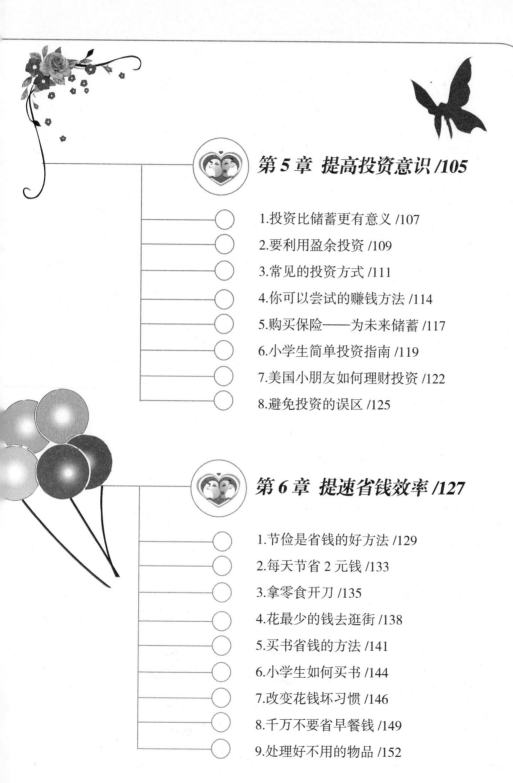

第7章 提升理财心态 /155

第1章
提高金融认识

1 钱是什么

什么是金钱呢?

金钱就是大家用来向别人购买自己需要的物品的一种货币。有了它,小朋友才可以去商场购买自己喜欢的芭比娃娃、变形金刚、美味蛋糕,还有漂亮帅气的衣服。在生活中,金钱表现出来的样子就是大家所看到的 1 分、1 角、1 元、10 元、100 元等的硬币或纸币。

不同的国家,货币的样子与叫法都不一样。比如:中国的货币叫做人民币,美国的货币叫做美国,英国的货币叫做英镑,新加坡的货币叫做新元等等。

并且在货币的造型、颜色、大小、面值的设置上,各个国家也都不太一样。如人民币最小的币值是 1 分, 最大的币值是 100 元;美国最小的币值是 1 美分,最大的币值是 100 美国……尽管这些货币的叫法、名称、造型等都不一样,但是每个人都知道那就是金钱。因为它们的功能是一样的:可以用来购买人们所需要的东西。所以,只要你有钱,就不用担心将来到了一个完全陌生的地方时,会缺少需要的物品。当然,你必须根据相关的规

定,把自己所拥有的货币兑换成当地通用的货币。这样即使语言不通,当你拿出他们熟悉的货币时,你也可以轻轻松松购买到自己需要的东西。

现在,小朋友大概知道怎样去描述金钱了吧:在生活中,金钱就是一种货币,作用是可以购买人们需要的物品。

不过,金钱不是在人类生活的一开始就有的,它是根据人们的生活需要慢慢产生的,就像生活中因为需要慢慢产生了电灯、电话等一样。而且,你知道吗?中国是世界上最早使用货币的国家之一,使用货币的历史长达五千年之久呢。

超人提问

给你一分钟时间,请来试着辨认以下四种常见符号代表的是哪个国家的货币,叫什么名字。

1. $ _____

2. £ _____

3. ¥ _____

4. € _____

天平倾向哪边

这真是一个炎热的夏天，气温高达 39℃，西瓜肯定能卖一个好价钱。一个瓜贩子为了好卖瓜，他在天平的一端放了个西瓜，另一边放了一块大冰块，天平刚好平衡。在天平的旁边，他还特意放了一个大冰柜，开始叫卖"冰冻西瓜"。别忙着想吃西瓜，考你一个问题：天平一直这样放着，最后会倾向哪边？

答　案

天平最终是平衡的。冰在高温下一溶化，西瓜那端就会下沉，西瓜也会滚走，冰化成水后也会流走，剩余的冰也在高温下蒸发了，天平最后依然保持平衡。

上页题目答案

美国。美元，常用缩写 USD。

英国。英镑，常用缩写 GBP。

中国。人民币，常用缩写 RMB。

欧盟中十三个国家的统一货币。欧元，常用缩写 EUR。

2 钱是怎么来的

小勇和妈妈去超市买牛奶,回家后小勇对妈妈说:"用东西直接拿来交换多方便。这样先用钱买 A 的物品,然后 A 再用赚的钱买 B 的物品,太麻烦了。"

听了小勇的话,妈妈笑着说:"你这样说也没有错。其实,很早很早以前,当大家还没有发明出金钱的时候,就是直接用自己拥有的物品和别人换取需要的东西,所以那时的交易就叫做物物交易。"

小勇睁大眼睛说:"那不是很好吗?我们可以直接用一块香皂和对门的小刚家换牛奶。你看,改成现在这个样子多麻烦,咱们只是买了一袋牛奶,却要走很远的路去超市,还要排半天的队呢。"

小勇说的这个问题其实并不完全正确。因为物物交易的方式在一个小范围里是可行的,如果在一个人较多的地方,实行起来就会有困难,因为所要交换的物品有可能价值不同,大家不愿意交换啊。比如:小龙有一头奶牛,小兵有一个苹果,小龙想要苹果,小兵想要奶牛。可是一头奶牛比一个苹果要值钱得多,这样的交换就不公平了。还有一种情况,就是当你有别人想要的东西,而别人却没有你想要的东西时,也很麻烦。

正是因为存在上面所说的情况，人们开始寻找一种可以用来和别人交换所有东西的物品，开始的时候大家使用鱼干、盐等这些生活物品来和别人交换，如果别人还想要别的东西，就继续用鱼干、盐再和其他的人交换。可是，时间久了，大家发现一个问题：鱼干很容易坏，臭烘烘的，大家不愿意用；盐呢，携带起来很不方便，太重，而且如果下雨淋湿后很容易溶化掉，那就不能换东西了。这怎么办呢？最后，人们发现由贵重金属充当的货币，有很高的便携性，而且不容易损坏，于是大家就开始使用

贵重金属作为通用的交换物品了，比如金子、银子。这样，人们出门的时候就不用再背着臭烘烘的鱼干或沉甸甸的盐袋了。

后来，又经过很长时间的实践，人们又发明了非常轻便的纸币来替代分量比较重、又容易磨损的金属货币，于是就有了现在大家看到的现金。

FQ 加油站

飞来的超车罚款

小轿车开始进入寻常人家了，只要你努力，你也会拥有一辆。不过你要遵纪守法，别违章驾驶，路上的交警现在已经够忙了，你再添乱，他们很可能特别"关照"你，让你晚上睡不着觉。暂时别扯这些了，还是轻松一下，做一道题吧！一个小问题：假如你和你的朋友分别开着新买的小车从 A 地到 B 地去，

你俩走的是同一条路,你的朋友在前面,你在后面,你的车从未超过你的朋友,你的朋友也没有超车,可你却接到超车的罚款。这样想不通的事可能吗?

答 案

当然有可能了!比如,你的车在中途抛锚了,停了一段时间,车修好后,为了赶上你的朋友,当然就超车了。这时,你的车没有超越你朋友车,不过交警还是一样会注意的! 这样的错误,以后可别犯!

3 什么是收入

小勇的爸爸、妈妈工作都很忙,有时周末也需要加班。爸爸妈妈早就答应带小勇去欢乐谷玩了,可已经过去了好几个星期,就因为他们需要工作,结果到现在也没能兑现。

小勇的嘴撅得能挂两个酒瓶子了,他嘟嘟囔囔地抱怨道:"你们为什么非得上班啊?我就像一个没人要的孩子。要是你们不上班,就可以天天陪着我了。"

有很多小朋友大概都和小勇一样,希望爸爸妈妈不用上班,天天陪着自己吧。可是,你们知道吗?如果爸爸妈妈不工作,那么他们就没有钱来满足家里的生活需要,不能买必需的食品、用品,也不能带你去欢乐谷玩了。不仅如此,如果没有人工作,整个国家都会瘫痪,包括欢乐谷都不会有叔叔阿姨为你开动好玩的游乐设施,你想想是不是这样呢?

钱在人们生活中的地位非常重要,但钱是不会像下雨一样自己从天上掉下来的,你必须努力工作,才能得到报酬、得到收入。

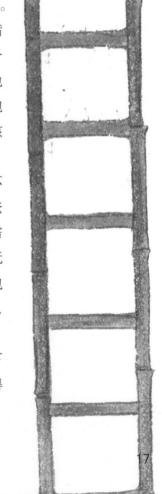

什么是收入呢？收入，就是"在一定时间内，一个人付出了劳动后所得到的报酬"。一个人获得收入的方法有很多：在公司上班可以获得"工资"，表现良好的可以获得"奖金"，开商店向别人卖商品可以获得"利润"等。只要你努力，你就可以获得相应的收入。

"那么，爸爸妈妈给我的零花钱是收入吗？"有的小朋友可能会这样问。

准确地讲，小朋友的零花钱不是真正的收入，因为它是你无偿得到的，是爸爸妈妈对小朋友表达爱和关心的一种方式。但是，那些钱却是需要他们辛苦工作才能得到的。所以，你一定不要以为爸爸妈妈给零花钱是理所当然的，花起来大手大脚，没有止境哦。

财商小测试

家里进行大扫除了，你会先丢掉哪件物品呢？

1. 不穿的旧衣服
2. 不用的老电器
3. 一些零零碎碎的小东西
4. 过期的书报杂志

FQ 加油站

丰产的苹果树

把苹果摘回来以后，就该考虑怎么享用苹果了：肯定要吃一点，但一个人又吃不了那么多。于是，第一天我用一半的苹果换了葡萄酒喝，葡萄酒好喝又能放一段时间，可以够我喝上一阵子了，然后我还高兴地吃了4个苹果；第二天用剩下的一半去换其他的水果来尝尝，因为吃了其他的水果，所以我就吃了三个苹果；第三天，吃了1个苹果，觉得一个人吃没有意思,应该和朋友们一起分享,所以把剩下的一半分给了朋友们。这时,我还有 5 个苹果、其他一些水果和葡萄酒。你知道今年我的苹果树一共结了多少个苹果吗?

答案:64 个。

上页答案

　　选 1 者:你是一个标准的乐观主义者,因此你一定要审核自己的致富目标是否切合实际。

　　选 2 者:你的挣钱目标是客观的,并总会有办法达到致富目标,但提醒你:不要成为拜金主义者哦。

　　选 3 者:你总是稳扎稳打,如果更努力,那就更完美了。

　　选 4 者:你害怕冒险,很谨慎,你的生活目标很现实。

4 为什么不多印一些钱

　　看了关于贫困儿童不能上学的报道后，小勇对妈妈说："既然还有那么多的穷人没有钱花，为什么国家不多印一些钱呢？这样就可以让贫困的人也有钱花了，那肯定就不会有上不起学的事情发生了。"

　　如果国家真的像小勇想象的那样可以想印多少钱，就印多少钱；想发给谁，就发给谁，那小朋友们今天所享受的安宁生活肯定就会乱套了。

　　今天你用 3 元钱就可以买到 1 斤鸡蛋，但是有可能明天你要用 30 元钱才能买到 1 斤鸡蛋。

　　"咦，这是为什么呢？大家都有钱了，应该会更便宜啊。"

　　这里讲的就是经济学里的"通货膨胀"现象。钱印得多了，市面上流通的货币量就会增加，大家手里有了更多的钱，就会有更多的人去买鸡蛋，但是鸡蛋的数量却没有随

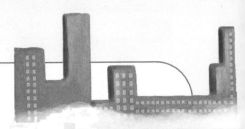

着钱的增加而增多（母鸡也不会因为买的人多了，就会下更多的蛋），于是鸡蛋的价格就会上涨（"物以稀为贵"）。结果，原来卖 3 元一斤的鸡蛋，价格就有可能上涨 10 倍，也就是说要用 30 元买以前 3 元就能买到的东西。价格上涨了，货币的价值却缩减到了原来的 1/10，人们拥有的钱其实更不值钱了，以致变得更穷。而且这样一来，国家的经济就很容易发生混乱，陷入到危机中去。

这种货币量增加，导致货币价值降低，物价上涨的现象就是"通货膨胀"。任何一个国家都要避免这种现象的出现。所以，为了保证国家经济生活的稳定，政府都会控制货币的流通数量，尽力维持物价的稳定。这种努力，表现出来就是国家的金融政策。

现在你明白了吧，钱其实也不是越多越好的。

 FQ 加油站

少了一元

一位老婆婆每天卖鸡蛋、鸭蛋各 30 个，其中鸡蛋每 3 个卖 1 元钱，鸭蛋每 2 个卖 1 元钱，这样一天可以卖 25 元钱。有一天，一位路人让她把鸡蛋和鸭蛋混在一起每 5 个卖 2 元，可以卖得更快一些。第二天，老婆婆尝试着做了，结果却只卖了 24 元钱。老婆婆纳闷了：蛋没少卖，怎么钱少了 1 元呢？你知道为什么吗？

 答案

原来 1 只鸡蛋可卖 1/3 元，1 只鸭蛋可卖 1/2 元。所以每只蛋的平均价格是 (1/2+1/3)÷2=5/12 元。

混卖之后平均每只蛋卖到 2/5 元，比原来每只蛋的平均价格少了 5/12-2/5=1/60 元。

所以 60 只蛋正好少卖了 1 元钱。

FQ 加油站

消失的硬币

准备工具：一枚硬币，一个杯口比底大的玻璃杯

游戏方法：1. 把硬币放在桌子上，在玻璃杯里盛满水，然后把玻璃杯压在硬币上。这时，从杯子的侧面看去，我们会发现，硬币不见了。但是从杯口向下望去的时候，硬币还好好地放在那里。

2. 给玻璃杯底沾上一些水，再来重做这个试验，就发现这个魔术不灵了，透过玻璃杯的侧壁，总能看到一个闪亮的硬币。

科学原理：光从空气经玻璃杯底进入水里的时候会发生折射，使得大部分光线以很大的入射角射向杯子的侧壁。另一部分反射的光线又折射回水中，从杯口射出，因此从杯子的侧面看不到硬币。

当杯底和硬币之间沾有水以后，硬币射出的光线从水中穿过杯底再进入杯子里的水中，这时杯底可以看成是一块平板玻璃，光线通过它的时候方向不变。硬币射出的光线到达杯子的侧壁上时，一部分光线入射角并不很大，不满足全发射条件，这些光线从侧壁上投射出来使你能看到杯底下的硬币。

5 有了钱什么都能做吗

  小勇的表弟欣欣每个月的零花钱比小勇的两倍还多。虽然欣欣比小勇小一岁,可是欣欣说话的口气却很大,他总是对小勇说:"只要有钱,什么都能做。你看,全球限量版的 T 恤,班里只有我一个人有一件;我最早使用手机,现在用的是最新款的,没人可以和我比;我还能去国外度假。而且只要我愿意,我还可以花钱雇学习最好的同学帮我写作业。所以,有钱什么都能做。"

  小勇觉得欣欣说得很对。上个月,他想买一个新玩具,虽然央求了半天,但妈妈还是以太贵为由拒绝了他的请求。小勇想:"要是我们家比欣欣家还有钱,那该多好啊,那样我想要什么就有什么了。"他偷偷地埋怨父母赚钱太少,常常为此觉

得很自卑。

难道真的像表弟欣欣说的那样：有钱什么都能做吗？当然不是，欣欣的认识是错误的。在人类社会里，金钱可以用来衡量商品的价值，换取大家彼此需要的物品或者服务，但是如果没有东西可买，即使有再多的钱也没什么用。比如，安迪是世界上最有钱的人，现在他带着他所有的财富来到了一个荒无人烟的地方，可是他却什么也买不到，钱既不能当食物，也不能为他遮风挡雨，在这里，钱只是一堆没有用的废纸。

而且，小朋友要明白：人们发明钱的目的是为了方便大家的生活，用钱可以买到食物、衣服、玩具等，也可以请别人合理地为你付出一定的服务，比如帮你清洁家庭卫生、为你修理有毛病的马桶、为你演奏美妙的音乐等，但是，这并不代表有了钱就什么都能做。在这个世界上，有很多东西是无法用金钱购买、无法用金钱衡量的。

比如，有了钱，你可以买豪华别墅住，但是你买不到一个充满温馨和关爱的家；有了钱，你可以买到最准的时钟，但是你买不到宝贵的时间；有了钱，你可以买到最好的数码相机，但是你买不到让你感到甜蜜的回忆；有了钱，你也许可以到最好的医院接受最好的医疗服务，但是你无法保证用钱就一定可以买到最宝贵的生命。

相信此刻，你一定明白了：金钱其实只是一种方便我们生活的工具，而不是像一些人认为的那样，是一个"无所不能的神奇武器"。爸爸妈妈的收入也许无法满足你买一个高级玩具的要求，但是你却拥有什么也不能取代的他们对你的爱和甘愿为你付出所有的心。有了这些，即使钱再少，我们也会有热乎乎的饭菜可以吃饱，有暖呼呼的床可以睡好。而且在我们悲伤、沮丧、孤独的时候，有一个温暖的、充满爱的拥抱和安慰，这才是最宝贵的拥有，你说对吗？

排队买票

汤姆、沃克、杰尼、鲍勃、芬尼和杰克去买世界杯的球票。他们来得太早了,只好等着售票窗口打开。杰克的一个朋友打电话来问杰克买到球票没有,杰克说:"还没有呢,应该快开门了。"

杰克的朋友说:"你排第几啊? 别忘了帮我买票。"

杰克说:"我不是最后一个,而且芬尼也不是最后一个。"

"那你到底排在第几? "

杰克说:"我看看,汤姆的前面至少有 4 个人,但他也没有排在最后;鲍勃不是第一个,他前后至少有两个人;杰尼没有排在最前面,也没有排在最后面。"

你知道他们排队的顺序吗?

排队的顺序是:

(1)芬尼,杰尼,杰克,鲍勃,汤姆,沃克。

(2)芬尼,杰克,杰尼,鲍勃,汤姆,沃克。

6 了解自己的财商有多高

以下题目将有助于判定你是否已经拥有初步的理财知识。现在开始吧(说明：选 A 得 3 分,选 B 得 1 分,选 C 得 2 分):

1. 你是否觉得需要有一个人来告诉你该怎么花钱?

A.是　　　B.不是　　　C.不知道

2. 当手中有 100 元钱的时候,你是否为用这 100 元钱去做什么做过具体的计划?

A.是　　　B.不是　　　C.偶然

3. 与父母一起上饭馆时,是否想过要自己付账?

A.是　　　B.不是　　　C.偶然

4. 是否利用过假期去推销糖果或参加其他类似的活动?

A.是　　　B. 不是　　　C. 偶然

5. 有没有想过父母的钱是怎么来的?

A.有　　　B.没有　　　C.偶然

6. 是否有过向父母借钱的想法?

A.是　　　B.不是　　　C.偶然

7. 有没有自愿地给希望工程捐过款?

A.有　　　B. 没有　　　C.偶然

8. 假如口袋里有 10 元钱,你一般会在多长时间里花掉?

A.一个星期　　　B.三天　　　C.一天

9. 春节所得到的压岁钱你通常是怎么处理的?

A.存进银行　　　B. 立即花掉　　　C. 花掉一部分

10. 通常情况下你会自愿地参加家庭劳动吗?

A 会　　　　B 不会　　　　C 偶然

财商分析:

25~30分

你已经有较多理财的基本知识了,能够明白一些理财的简单概念,对钱的价值有了初步的认识,懂得花钱的计划性和了解钱的产生过程,有一些基本的服务意识,知道储蓄的必要性。而且,有一定的实践经历,并在实践中强化了自己的理财知识。

16~24分

理财知识一般。虽然不是一无所知,但也不是懂得很多。能大致地知道钱需要工作才能得到,知道钱能买东西。花钱偶然有一定的计划性,偶然有一些实践经历,但体会往往不深。因此,有必要行更深入的理财知识启蒙。

10~15分

不明白钱从何处得来,也不知道钱的价值。花钱总是处于一种盲目的状态之中,无任何的计划性。不知道借贷等概念,对储蓄等流程一无所知,没有任何实践经历,所以也不可能有切身的体会。总之,理财知识非常缺乏,急需加强这方面的学习。

第2章
提炼理财目标

1 树立正确的理财观

要树立正确的理财观,就意味着有很多错误的理财观需要纠正。那么哪些属于不正确的理财观念呢?它们对于财商的提高又有什么危害呢?下面,首先来为大家列举一些错误的理财观念,如果你有两条及以上符合,就一定要注意纠正了,多看关于提高财商的书籍,让自己树立正确的理财意识。

错误观念一:理财是有钱人的事情,小钱不用理财。

很多小朋友的父母也会有这种想法,认为有钱人才需要理财,小钱就无所谓了。其实,这种想法是错误的,大钱需要的是管理,而小钱更需要"关怀"。因为有钱人即使不仔细打理自己的钱,也能轻松面对生活中常见的一些难题;而不那么有

钱的人本来钱就不多,如果再不仔细打理,遇到问题时会比较难解决。所以,理财其实是贯穿于每个生活细节中的,比如少买点儿零食,穿着打扮朴素一些。日积月累,你就会有一笔不小的储蓄了。记住:理财并不是有钱人的专利,所有的人都需要理财。

错误观念二:理财是大人的事情,自己年龄小不用理财。

大人有工作、有工资,才需要理财,小学生年龄小,零用钱也不多,所以不需要理财。这种想法也是要不得的。很多大人就是因为从小没有学习过理财、没有理财观念和知识,所以,他们长大后,有了工作,都不会管理自己的钱财,常常入不敷出,甚至在工资很高的情况下,还要借钱才能维持生活。所以,从小养成理财的习惯很重要,它会在将来对你有很大的帮助。

错误观念三:理财就是往存钱罐里放零钱,不用学习。

往存钱罐里放零钱属于管理金钱的一种方法。但是请你仔细想一想:如果只靠存钱罐一分一分地积攒来实现自己的愿望,是不是需要很长的时间、更多的付出呢?真正的理财知识会告诉你更多的窍门、方法、技巧,可以让你更轻松地拥有更多财富,所以系统地学习理财知识是很必要的。

错误观念四:理财很难,浪费学习时间,而且学了现在也用不到。

理财一点也不难,国外就有很多小朋友年纪很小就有为数不少的财富呢,比如韩国有位 12 岁的女孩通过正确的理财已有了 3000 万韩元的财富。只要你用心学习、多实践,你就可以很快学会。而且学会理财是对一生都非常有意义的事情,所以不会学了也用不到的。你知道吗?现在社会上紧缺的人才之一就是理财规划师呢。

只要树立了正确的理财观念,每个人都能打理好自己的财富、实现美好的人生规划。小朋友,加油吧!

找错了的数

米琪小姐在一个商店里做收银员。有一天,她在晚上下班前查账的时候,发现现金比账面少 153 元。她知道实际收的钱是不会错的,只能是记账时有一个数字点错了小数点,那么。她怎么才能在几百笔账中找到这个错数呢?

答案

170。如果是小数点的错,账上多出的钱数就应该是实收的9倍。所以 153÷9＝17,那么错账应该是17 的 10 倍。找到 170 元改成 17 元就行了。

提 炼 理 财 目 标

2 设立自己的理财目标

　　要学会理财,首先要明确理财的目的。如果连理财的目的都不知道,那理财的学习和行动对你而言都是空话,因为你会缺乏动力和方向。

　　理财目的就是财务目标,是为了了解自己当前的财务状况、合理规划自己的金钱使用的目的和方法。正确地设立财务目标能够满足一个人每天或者每一段时间的生活需求,提高生活质量。比如通过学习管理金钱的方法,让自己的零用钱从现在开始就不断增长;或者在一年的时间内,让自己的积蓄达到一个可以购买自己最想要的东西的程度……这些都可以算是目标。

　　明白了这些,你现在就应该仔细分析一下自己目前的财务状况了。这个工作可以在爸爸妈妈的帮助下来作,比如了解自己目前有多少积蓄,每个月的"收入"能力和花费能力。然后根据自己的实际情况制定一个目标,制订一个存钱和花钱的计划。当然存钱的方法、花钱的限度与用途也应该心里有数。比如:你现在有积蓄400元,每个月固定的零用钱是100元,你最大的愿望是零用钱总也用不完,那么你的理财目标就可以这么设定:以三个月为基础,每个季度的积蓄都必须有所增加,增加的数量最少在150元到200元,用一年左右的时间达到存款1200元左右。

记住:目标只要设定了,就一定要努力去实现。不能三天热度,几天之后就把这个目标抛到脑后不闻不问了。这样的话,你永远也学不会理财的方法,也不可能在以后成为一个富翁了。

 财宝宝提醒

利用业余时间,多读一些适合小学生看的理财书籍。包括富人的理财故事、理财方法、少儿理财技巧等。一来可以丰富自己的理财知识,二来也可以用这些故事激励自己在理财的道路上坚持下去。

 FQ 加油站

¥

如何找假金币

一次偶然的机会,蕾蒂从她的朋友那里得到八枚外表一模一样的金币。但是其中有一枚是假的,重量特别轻。于是她找来一架天平,想用它找出那枚假的金币。

想一想,蕾蒂最少需要用天平称几次,才能找出那枚假的金币?

答案:见38页。

3 树立理财意识

从得到零花钱起，小朋友就应该树立短期、中期和长期的理财意识。这样做的目的，是为了帮助大家更合理地规划、使用金钱。它和上一篇讲到的理财目标既有区别又有联系。联系在于都属于理财目标，区别在于这种意识比上文讲的理财目标更具体、更容易操作。

那么，什么是短期、中期、长期理财意识呢？

短期理财是指在一个比较短的时间内(如两个星期)理财的目标。中期理财是指在一个相对较长的时间内理财要达成的目标，如两个月。长期理财可以是一年，也可以是一生要达到的目标。

因为有不同的目标要达成，所以需要大家学会做预算，预算就是一个存钱、花钱的计划。根据这个计划你要把自己的钱分别做一个短期、中期和长期的打算。比如针对每周的零用钱，规定短期用钱占 50%，中期用钱占 25%，长期储蓄占 25%。这样你就可以非常清楚地知道自己每天可以花多少钱，需要存多少钱，以及需要把多少钱投资到长期储蓄上去。通过树立这种短、中、长期的理财意识，你可以锻炼自己做出正确决定的能力。这样，无论什么时候需要，你的手里总会有足够用的钱。

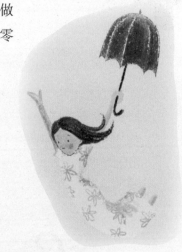

而且，有一个比较明确且容易实现的目标，对帮助你合

理地管理和支配金钱非常有利。为了实现这个目标,你会更愿意每天多作出一点"小牺牲"。相反,如果你没有什么具体的目标,你就可能无意识地把钱随便地花掉,而碰到紧急的情况时只能急恨"钱到用时真太少"了。

FQ博士和你说

从小就有意识地培养自己的理财能力,不仅可以使自己养成不乱花钱的习惯,而且将有利于我们及早形成独立的生活能力,从而在飞速发展的社会中成长为一名优秀的人才。

FQ加油站

48变50

"清泉矿泉水公司"生意很不错,不过最近有一件麻烦的事:公司最初设计的纸箱可以每排放8瓶,共6排,一箱可放48瓶,但是现在客户都反应48瓶不好计算,必须改成每箱50瓶。如果要满足客户的需要,公司只能把做好的几千个箱子不用,再重新做新的箱子,造成很多浪费。一个负责洗瓶子的工人却说原来的箱子也可以放50瓶的,但没有人相信。如图,你认为这个箱子真的能放50个瓶子吗?

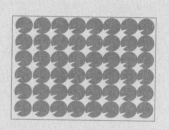

答　案

能。原来的瓶子是按照四边形的排法来放瓶子的,其实所有的圆柱体物品如果按照六角形排法,都可以节省空间。所以,按照六角形排法,原来的箱子完全可以放50个瓶子。

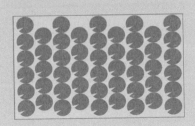

第35页答案。

她只需要用天平称两次就可以找出那枚假的金币了。

由于那枚假的金币特别的轻,她可以先在天平的左右两个秤盘里都放上3枚金币。如果天平保持平衡的话,她就只需要再称剩下的两枚金币就可以了。

如果天平没有保持平衡,就从较轻的3枚中拿出两枚分别放进左右盘,较轻的那一边就是假金币;如果天平保持平衡,则手里的那一枚金币就是假的了。

4 用计划驾驭金钱

小勇和表弟欣欣有一个共同的毛病,就是爱乱花钱、不懂得计划。每当大人提醒他们"不要乱花钱"的时候,两个人总是很迷惑:"我们没有乱花钱啊,只是不知道钱怎么自己就没了。"

钱真的是自己变没的吗?当然不是。小勇和欣欣有乱花钱的毛病,但是自己却不知道问题出在哪里,相信这也是很多小朋友都疑惑的问题。而这正是财商教育要教大家认识和学习的问题。

要学会花钱得具备很多条件,既要了解掌握相关的知识,也要实践运用一定的方法和窍门,但是最基本的是要学会用计划来控制自己不乱花钱。这是理财的一个基础,只有学会控制,才能有条件谈节省与投资。

你可以尝试不断地为自己制订财务计划,具体的样式和内容可以由你自己来决定,但是基本内容必须包括收入、支出和小结。一份计划表就是关于平日支出的书面记录,根据每日的开支规律分析自己的消费习惯、储蓄习惯,然后改正不良的习惯、坚持良好的习惯,从而慢慢学会合理使用金钱,并学会为一定的目标想方设法合理地增加金钱。做计划时,你可以按下面的步骤做:

1.详细记录每周的"收入"。比如每周固定的零用钱、帮父母做家务可能会得到的报酬等。这些都属于"收入"项目。

2.列出每周固定要花钱的项目。如早餐、午餐费用，交通费用等。这些属于固定支出项目。

3.列出计划要花钱的项目。比如买书、看电影、聚餐等。这些属于计划支出项目。记住：不要过多，不能超出自己的零用钱支付的能力，否则一旦不能自我控制，计划就会毫无意义。

4.从"收入"中扣除固定支出项目。扣除固定支出剩余的部分就是可以用来自由支配的钱。根据你的短期、中期、长期目标来决定它是要花掉还是存起来。

即使你每周或者每月的零用钱很少，也非常有必要做这样的开支计划。因为管理金钱是需要一个人长期养成理财习惯的，越早开始越好。只要你能够养成做计划的习惯，那么你就有了一个管好钱、用好钱的基础，接下来的财商提高也会因为有这样的基础而更能发挥效用。

FQ加油站

英语考试

一次英语考试只有 20 道题，做对一道题加 5 分，做错一道题倒扣 3 分。皮皮这次没考及格，不过他发现，只要他少错一道题就能及格。你知道他做对了多少道题吗？

答案

少错一道题，也就是再加 5+3=8 分，他才能及格，所以皮皮得了 52 分。设皮皮做对了 X 道题，那么他做错的题是 20−X，且有 5X−3×(20−X)=52。解方程得 X=14，所以皮皮答对了 14 道题。

5 国外小朋友的消费计划

学校附近的小商店、熟悉的购物街,每天都会涌现各种各样有趣的东西。小勇和他的同学每天都在发愁:"爸爸妈妈给的零用钱可真少,用什么办法能让他们多给一些呢?"

大概不少小朋友都和小勇一样,有类似的想法吧。然而,生活在富裕国家比利时的孩子们,却和大家有着不一样的"零用钱使用计划"呢。比利时的小朋友平均每周得到的零用钱并不多,和中国小朋友的差不多,但是和大家不一样的是:他们从八九岁起就懂得如何"精打细算"地支配自己有限的零用钱。

拿到零用钱就制订使用计划

比利时小朋友从小就从父母、老师那里学习理财知识,他们知道要想买到自己喜欢的东西,不能投机取巧,或者仅仅依靠父母,而是必须一点一滴地慢慢积攒。所以,他们最常说的话不是"为什么爸爸妈妈不多给一点零用钱",而是"我还没有攒够钱,不能买自己喜欢的东西""我的钱要等到东西打折时才能使用"之类的话。为了实现自己的小小愿望,他们会在拿到零用钱的时

候为自己制订一个"使用计划":详细规划哪些钱能用,哪些钱怎么用,哪些钱要存起来等等。通过这样的计划,他们就能保证自己的零用钱被合理地控制起来,而不

提 炼 理 财 目 标

41

会一天就花完一周的钱。

花钱时严格执行使用计划

比利时的小朋友会严格执行自己制订的使用计划。如果有的小朋友觉得自己在这方面做得不好，就会请父母来帮助自己。因此,对于比利时的小朋友来说,计划外的事情是绝对不会做的,而计划内的事情则要坚持做下去。如果钱不够,他们还会想办法用自己的劳动赚取足够的费用。

在比利时，凡年满 14 岁的孩子就可以出外打工挣钱了,如洗车、修剪草坪、扫雪、照看年幼的孩子等。至于洗碗、整理自己的房间等家务活则是分内的事情，不属于拿报酬范围的"打工"。

看了比利时小朋友的消费计划后，不知道小朋友们有什么感悟。希望你能够明白:制订计划其实一点儿也不难,执行计划也不困难,只要你想提高自己的财商,提高自己的理财能力,这些事情都是可以轻松做到的。加油吧!

FQ 加油站

不工作的理由

萨姆是个懒汉,因为他一点儿也不愿意工作,如果你问他为什么,他会告诉你一个故事。萨姆曾经也有过一份工作,雇主给他的条件也还可以,一个月 30 天,每天工资 20 美元,但是如果旷工就要扣 25 美元。萨姆当然没有每天都去工作,所以到了月底,他一分钱都没有拿到,但也没有因为扣工资而欠雇主的钱。从这以后,萨姆就笃信工作是一件蠢事,反正干了也没有钱。

萨姆一个月中到底工作了几天,又旷工了几天?

答案:见 44 页。

6 用自己的力量实现目标

　　"爸爸,给我买一个 MP3 吧,同学们都有,我也想要一个。"小勇抓住爸爸心情好的机会提出了自己想买东西的要求。

　　"可是,你的 CD 机不是已经很好了吗? 名牌的,而且才用了没多久。"

　　"那个太笨重了,现在大家都用 MP4 了,我要买的 MP3 都已经不是很流行了呢。"

　　"这么看来,MP3 不属于必需的支出了。那你自己试着攒钱买吧,靠自己的力量买,更有意义。"

　　没错,爸爸说得很对。如果靠自己的努力去买 MP3,那的确是一件很有意义的事情。虽然靠自己的努力去攒足够的钱对于小学生来说不是很容易,但是只要相信自己能做到,只要有行动,那也并不是很难办到的事情。依靠自己的力量去实现目标是一个人自信、自立、自强的表现,也是一个想要拥有财富的人必备的品质。有了这些品质,你就可以在面对选择的时候作出正确的判断,在面对逆境的时候轻松地跨越困难,成为想要成为的人。

提　炼　理　财　目　标

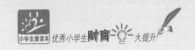

 FQ 词语解析

经济活动的目的就是要实现目标。目标，就是需要依靠自己的努力去实现的事情。可以说，在制定理财目标时，你就应该知道自己需要为实现目标而付出努力。老师和爸爸妈妈都是可以帮助你的人，但决不是可以代替你去行动的人。你明白了吗？

FQ 加油站

换硬币

先告诉大家美元的基本换算单位和币值，1 美元合 100 美分，小币值的硬币有 50 美分、25 美分、10 美分、5 美分和 1 美分。玛丽的硬币总共有 1.15 美元，可是她却换不开 1 美元，也换不开 50 美分，甚至连 25 美分、10 美分、5 美分都换不开。她的 1.15 美元到底是由哪些硬币组成的？

 答案

1 枚 50 美分，1 枚 25 美分，4 枚 10 美分。

第 34 页答案

萨姆工作了 $16\frac{2}{3}$ 天，旷工 $13\frac{1}{3}$ 天。

第3章
提高存钱能力

制订攒钱计划

拥有高财商的人士希望小朋友及早明白一个道理,即要学会理财首先要学会储备金钱。就像一个厨师做菜前首先要储备好材料一样,小朋友学理财也要首先学会储备金钱。通常我们把这种储备金钱称为"攒钱"。攒钱的方法有很多,不过它们都需要是有一个计划。

小勇上次去小孟家玩,看到小孟用自己积攒的零用钱买了一个"奥特曼",心里别提多羡慕了。回家的路上,他对自己说:"我也要像小孟一样努力攒钱,短时间内为自己买一个'奥特曼'。"可是,想归想,小勇并没有把多长时间内攒多少钱、用什么方式攒钱等这些具体的事情想清楚。结果两个月下来,小勇还是像原来一样做了"月光族",一分钱也没攒下。

小勇委屈地说:"我想攒啊,可是不知道怎么攒。怎么办?"

其实,小勇的疑问很容易解决。只要他为自己制订一个攒钱计划,并按照它去执行就可以了。制订一个攒钱计划,就是为自己确定一个目标。可以是短期内想要完成的事情,比如两个星期内,攒钱去买自己最喜欢的系列漫画;也可以是中期的计划,比如两三个月内购买一个新的 MP4;还有长期的计划,当暑假或者寒假来临时去外地短途旅游等。

确定了一个目标后,就要预计大概需要多少费用,比如买一套系列漫画需要 100 元左右。然后考虑这些钱能从什么地方合理节省出来,比如每天少吃一些零食,减少外出吃饭次数等。你最好为自己列一个表,像下面这样清楚、易理解就可以:

计划	集体目标	费用估计	资金来源	进行情况	总结
短期	买套《哈里·波特》	约 100 元	已有积蓄 50 元,这个月的零用钱省出 50~100 元	X 号之前已经攒了 80 元	很顺利。节省零食很省钱,以后继续
中期	买 MP4	约 300 元	节省两个月的零用钱大概 150 元。帮妈妈做家务每周得 20 元	第一个月已经节省了 70 元	......
长期	暑假去上海看表姐	自己负担 400 元,其余找爸妈补贴	每月零用钱存 50 元;每周收集旧报纸、饮料瓶卖一次;做家务每周得 20 元等	上周忘记收集饮料瓶,用两周的时间补上	......

如果你能按照上面所提供的方法分步执行,相信不久你就可以积攒下一笔为数不少的钱了。

不过,在制订计划时,还应该注意一下不同计划的性质。短期计划通常都是针对日常娱乐开销的,由于时间短,所需要的钱数也不大,很容易实现。中期计划多是购买一些比较大、比较贵重的物品,时间相对短期的要长一些,比如 2~3 个月左右。至于长期计划所需金额会更大些,需要的时间也会较长,常常需要你付出长时间的努力去实现。根据这些特点做出合理的攒钱规划,冲刺目标,既不会让你觉得这个过程很辛苦,而且也很容易有收获。

FQ 博士悄悄话

有很多人希望自己成为富翁。其中有一些人通过努力成功地实现了自己的梦想;而另一些人就只能想一想,却始终无法成功拥有财富。这是为什么呢? 很简单,那些成功的人都懂得如何理财、如何努力、如何坚持。

所以,如果你也想成功,那你从现在开始就应该学习理财,然后付出努力。现在你对零用钱的管理就是最基本的理财。不过,这并不是说得到零用钱一分也不花、全部存起来就可以成为一个有高财商的富翁。真正的理财应该是学会思考如何用这些钱、用多少等,你明白了吗? 学着"智慧地用钱"才是真正的理财。

FQ 加油站

分苹果

大明、老张、小李三个好伙伴在城里打工,年底合买了一堆苹果准备给家人带回去,然后三人都躺下睡起觉来。过了一会儿,大明先醒了,看看另外两个人还在睡觉,便自作主张地将地上的苹果分成了3份,发现还多一个,就把那个苹果吃了,然后拿着自己的那份走了。老张第二个醒来,说道:怎么大明没有拿苹果就走了?不管他,我把苹果分一下。于是也将苹果分成3份,发现也多一个,也把多的那个给吃了,拿着自己那份走了。小李最

后一个醒来,奇怪两个伙伴怎么没拿苹果就走了。于是又将剩下的苹果分成3份,发现也多一个,便也把它吃了,拿着自己那份回家了。

请问,一开始最少有多少个苹果?

一开始最少有25个苹果。解题方法是倒过来的:

(1)假定最后剩下的两份为2个,即每份1个,则在小李醒来时共有4个苹果,在老张醒来时有7个苹果,而7个苹果不能构成两份,与题意不符合;

(2)假定最后剩下的两份为4个,2即每份2个,则在小李醒来时共有7个苹果,也与题意不符合;

(3)假定最后剩下的两份为6个,即每份3个,则在小李醒来时共有10个苹果,在老张醒来时有16个苹果,而大明分出的三份苹果中,每份有8个苹果。

2 充分利用存钱罐

每个小朋友都有自己的存钱罐,不过在不少小朋友的眼里,存钱罐和风铃的作用差不多,都是装饰。而且有那么好看的钱包,为什么不往里面放钱呢?于是,很多小朋友都习惯有多少钱就带多少钱,每次出门都会把钱花得一干二净,别说攒钱了,如果能剩下钱就已经很可贵了。

但是,如果你想成为一个拥有高财商、拥有财富的人,就应该从小充分认识到存钱罐的作用,在日常生活中把它利用起来。你可以这么做:

1.兜里的零钱随时放到存钱罐里,包括几角的硬币、几块钱的纸币

有时本来是不需要什么花费的,但是禁不住兜里正好有钱,加上又觉得买一个不太贵,结果常常就是几角、几块地随意花出去了。相比计划开支无疑是额外增加了不少开销,而如果养成习惯,及时把这些暂时用不到的零钱存起来,不久就可以攒出一笔钱来。

2. 定期定额往存钱罐里存钱

每天往存钱罐里放一定数量的钱,可以是 1 元、2 元或者 5 元。养成定时存钱的习惯,一段时间后,你就会不知不觉地攒下一笔钱。

3.定期盘点存钱罐里的存钱数目

定期盘点存钱数目,然后和最近一次的盘点作对比,看增加了多少、花费了多少、结余了多少。养成了解与分析的习惯,试着把握自己的消费习惯与消费优缺点,指导自己及时做出调整与改正。

4.制作几个不同的存钱罐,分别往里面存放零用钱

为了激发存钱的兴趣,可以制作几个目标不同的存钱罐。比如,为自己的梦想设一个存钱罐。想要在短期内为自己买一个 MP4,那就设一个"MP4 资金罐",专门按照计划往里面存放用于买 MP4 的钱,这里的钱除非特殊情况,否则不能挪作他用等。这种为存钱罐分类的方法,可以使你的攒钱目标和计划都变得很明确,并且每当看到自己的"目标"有了新的变化时,也很容易鼓励自己为了梦想坚持下去。

除了以上这些利用存钱罐的方法,小朋友也可以根据自己的需要加以利用。只要能够激励自己不断存钱、激励自己为了实现目标而坚持下去,那你的存钱罐就是利用得比较好的。

FQ 加油站

K 金问题

黄金的 24K 是指百分之百的纯金,因此 12K 就是 50% 的纯度,18K 是 75%。当你在买金制品的时候,上面的纯度记号却是:375 表示 9K,583 表示 14K,750 表示 18K。请问:946 表示多少 K?

答 案

22K。因为纯金是 24K,所以 9K 黄金的纯度以十进制表示为 0.375。利用计算器,将一个数目乘上 0.024 就可以转换成 K 数。所以,$946 \times 0.024 = 22.704$,即 22K。

通过储蓄存钱，就是通过银行存钱。小朋友肯定知道在银行存款是有一定利息的，这个利息就是你存钱的回报。随着你存钱时间的延长，利息可以帮助你的钱以较快的速度增长。爸爸妈妈可以把家里的钱存到银行，小朋友年纪这么小也可以存钱吗？当然可以啦。

当你利用存钱罐积攒了一定数量的钱后，比如 200 元，就可以请爸爸妈妈带你去银行开一个属于你自己的存款账户。银行会发给你一个写有你名字的存款簿，也叫存折。或者你可以直接拥有一张银行卡，就像 IC 卡那样大小。银行卡的作用和存折是一样的。

有了这个账户后，你就可以定期存款、收取利息了。对小朋友来说比较合适的是零存整取，就是每个月都存入一定数量的钱，约定一个期限，比如一年后再统一取出来。这样假如你每个月都存入 100 元钱，一年后你就存了 1200 元，如果按照 3.33% 的利率计算，扣除 5% 的利息税，到年底你可以得到 20.56 元的利息，加起来总共就是 1220.56 元了。

还有一种方法也不错，即你可以把你存的钱每个月得到的利息都取出来存入另外一个零存整取的账户里（你需要再开一个账户），这样你就可以利用这笔利息钱通过再次存储再得到利息。

你看,银行储蓄的方式是不是比存钱罐的方式更好一些呢?因为你可以得到额外的"收益"。按照上面的计算,假设你现在上小学三年级,那么,如果坚持到升入五年级,你的手里就会有2000多元钱了,那你就是同学中的小富翁了。

拥有一个自己的存折

要想拥有一个属于自己的存折,需要去银行开账户,通常需要身份证等身份证明。像小朋友这样不满18岁的青少年只要和父母一起去银行,由父母为我们做证明,再出示户口本就可以为自己开一个账户,拥有一个存折了。

FQ 加油站

一山更比一山高

羽根是个职业小偷。一天,他溜到地铁上去作案,先偷了一位时髦小姐的钱包,等她下车后他又接连偷了一位西装革履的男子和一位白发苍苍的老太太的钱包。他兴高采烈地下了车,躲在角落里清点了一下,发现3个钱包总共也不过10万多日元。接着他又惊叫起来,原来与这3个钱包放在一起的他自己的钱包却也不翼而飞了,那里面装着1000多万日元呢!他口袋

里还有一张纸条,上
面写着:"让你这该死
的小偷尝尝我的厉
害,看看你偷到谁头
上来了!"

　　猜猜看,那3个
人中,究竟是谁偷了
羽根的钱包?

提 高 存 钱 能 力

4 了解一些储蓄常识

去银行存钱之前,有必要了解一些储蓄常识,比如储蓄存款的种类有哪些,这样才能更好地利用储蓄积攒金钱。下面是一些简单的介绍,要仔细看哦。

活期存款

活期储蓄存款是一种没有存取日期约束,随时可取、随时可存,也没有存取金额限制的一种储蓄方式。它1元起存,由银行发给存折,凭存折存取,开户后即可以随时存取。这种方式最方便,缺点是利息最低。

定活两便

定活两便储蓄存款一般50元起存,比较适合对存款时间不是很确定的人。如果你选择这种储蓄方式,应该尽量使存款时间达到三个月或者半年等。因为如果达不到这样的期限,会使你的利息收入大大减少。

零存整取

零存整取定期储蓄是指每个月存入一定数量的钱,比如一年期存款,到期后可以一次把以前存的钱加利息全部取出来使用的方式。这种储蓄一般5元起存,多存不限。存期分为一年、三年和五年。你可以自由选择每个月固定存入的金额,这种方式对每个月都有固定收入的人来说很是方便。自然,对每个月有零用钱的小学生也很适合了。

整存整取

整存整取就是一次性存入一定数额的钱,然后固定一个期限,一般为三个月、半年、一年、二年、三年和五年,到期后一次性取出你存的钱和得到的利息。这种方式适合收入较高,在一段时间内不会使用这笔钱的人。因为不到期限,中途就要取出这笔钱,你会损失较多的利息,很不划算。

知道了以上这些关于储蓄的小常识后,相信小朋友会选择出适合自己的储蓄方式了。只要你选对方式,就可以通过储蓄积攒下一笔不小的财富呢。

 ## 存钱罐和扑满

过去的儿童习惯称存钱罐为"扑满"。扑满是我国西汉时由民间创制的一种瓦器,用来作储蓄。它有一个特点,就是只有进口、没有出口。钱币只能放进去,如果要用,就要等存满后打破才能取出来。

这种瓦器的特殊构造可以防止钱币被浪费掉,所以很受人们喜爱。现在存钱罐的样式越来越多了,但它的功用却一直没有改变,还可以帮助大家养成勤俭节约的好习惯。

FQ 加油站

找差别

有 10 筐苹果,每筐里有 10 个,共 100 个。每筐里苹果的重量都是一样的,其中有 9 筐每个苹果的重量都是 1 斤,另一筐中每个苹果的重量都是 0.9 斤,但是外表完全一样,用眼看或用手摸无法分辨。现在要你用一台普通的大秤一次把这一筐重量轻的找出来。

 答 案

第一筐拿 1 个;第二筐拿 2 个……依此类推,共 55 个一起称。把称得的重量和 55 斤相比较,如果差 0.1 斤就是第一筐轻了,差 0.2 斤就是第二筐轻了……依此类推。

5 储蓄方法盘点

小勇问妈妈:"怎么样储蓄才能得到更多的利息呢?而且我的零用钱本来就不多,如果都存了,万一到时要用钱不是取不出来了吗?"

这里就给大家介绍一些关于灵活储蓄的妙招,帮助你更好地管理自己的金钱。

妙招一:尽量少存活期

一般来说,活期储蓄经常用来应付日常生活的零星花费,但是它利息很低,所以如果手里的钱比较多,就应该尽量减少活期存款,不如选择前面讲过的零存整取的方式。

妙招二:阶梯存储法

假如你持有 3 万元,可以分别用 1 万元开设 1~3 年期的定期储蓄存单各一

份。1年后,你可以用到期的1万元再开设一个3年期的存单。以此类推,3年后你持有的存单全部都是3年期的,只不过到期的年限不同,依次相差1年。这种储蓄方式既能应对储蓄利率的调整,又可获取3年期存款的较高利息。

妙招三:月月存取

这种方法又称为12张存单法,它能够帮助你有效攒钱。比如,你每月有固定零用钱200元,就可以考虑每月拿出100元来用于储蓄。选择一年期限开一张存单,存足1年后,手中便有12张存单。在第一张存单到期时,你可以取出到期的本金和利息,和第二期所存的100元相加,再存成1年期定期存单。以此类推,你就会发现自己时时拥有12张存单。一旦急需,就可以支取到期或近期到期的存款,以减少利息损失。

妙招四:四分存储法

假如你有1000元,可分别存成四张定期存单。存单的金额应该呈阶梯状,比如你可以用100元、200元、300元、400元存成定期,以适应急需时不同的数额。采用这种存储方法,假如在一年之内需要动用200元,就只需支取200元的存单,可以避免只需要取小数额、却不得不动用"大"存单的弊端,减少不必要的利息损失。

FQ 加油站

怎样架桥

A、B两地位于一条宽10米的河两岸,两地的水平距离为200米。如何在河上架一座桥,使从A地到B地的距离最短,并且桥并不能是从A到B的斜桥呢?希望你能发挥最大的想象力,你想象得到的都有可能。

答案

架一座宽200米的桥,自然可以斜着走直线从A到B地了,距离当然也是最短的了。

6 规避存钱误区

　　存钱可以帮助小朋友养成良好的理财习惯。不过如果存钱进入误区或者极端,影响了自己的生活就得不偿失了。下面为小朋友总结了一些存钱的误区,希望你能从中得到一点儿收获与启示。

　　误区一:存下"早餐钱"

　　"为了买心仪已久的东西,不得不勒紧裤腰带节省下零食钱,干脆早餐也不吃了。"很多小朋友可能都做过这样的事情:为了存钱,宁可不吃早餐,觉得不吃早餐也没什么。这种认识是错误的。

　　不吃早餐会损害健康,身体很容易变得虚弱,容易生病,比如胃病、流感等。而且不吃早餐,对一上午的学习很不利,你会比其他同学更容易走神、感觉乏力。这么一算,你只省下了四五元钱,却为自己埋下了可能影响一生的祸根,这不是很不值得吗?

　　所以,小朋友存钱,一定不要把最不能存的"早餐钱"给存了。

　　误区二:随时存随时用

　　昨天刚存了钱,今天看到一个新玩具,忍不住立刻取出来用掉了……这样随时存随时用的习惯,使你的存钱罐和储蓄账户永远处于少的状态。因此,小朋友一定要注意,存钱是个细水长流的行为,只有平时坚持,才能在最后获得丰厚的收益。

误区三:存钱方式单一,觉得枯燥而坚持不下去

要会理财,首先要多想想自己可以用哪些积极合理的方式得到钱,比如除零用钱外,做家务所得收入是一部分,利用假日卖一些旧书、废饮料瓶子等也是一部分来源。此外,一定要制订一个存钱计划,这样可以促使你养成存钱的习惯和理财的思维。如果对自己为什么要存、怎么存、存多少一无所知,那你必然会有"存不存无所谓"的想法,时间一长自然会很难坚持下去。

 管理好存款账户

有了自己的账户,必须要和父母商量一下如何管理的问题。可能的话,最好把自己零用钱的一半都存到账户里。虽然,这样开始会让你觉得用钱很窘迫,但是当你看到存折上的钱越来越多时,你就会很有成就感哦。而且,你会发现,在这种不知不觉的"等待和煎熬"中,你已经养成了一个存钱的好习惯呢。

FQ 加油站

深夜消失的车子

连接 A 地和 B 地的公路是高架式的车道,半路上也没有任何路口可以驶离车道。

在一个深夜,有两辆车子由 A 地出发,向 B 地疾驰。一辆是强盗的车,另外一辆则是吊车。

然而,到达 B 地的却只有吊车,强盗的车子在半路上像烟雾般消失了,也没有任何迹象显示该车掉头开回原地。

那么,强盗的车到底跑到哪儿去了呢?

答案见64页。

7 强迫存钱法

有的小朋友有这样的习惯:每次拿到零用钱时,都迫不及待地去购买自己早就看好的物品,而且还顺便在心里琢磨好下个月的零用钱拿到后要买些什么,存钱不积极、不用心,但是这个月规划下个月的消费方向却相当用功。有时,如果零用钱不够用,甚至还会找同学去借钱。如果你有这样的花钱习惯,那么你需要用强迫存钱的方法来使自己逐渐养成存钱的习惯。你可以这样做:

一、每个星期或者每个月,要提前考虑如何分配自己的零用钱。你可以每次都拿出固定数额的钱放到小信封或一个小口袋里,以备急用,其余的钱都可以存起来。小朋友的大部分时间都在学校里,其余时间也会在家里。只要你愿意,一般不需要另外的开销。如果把钱这样存起来,当你真的有需要时,就不会再着急或者向父母伸手要了。

二、马上去家门口附近的一个银行办一个存款账户。定期从你的零用钱中取出10元、20元或者50元存入你新开的账户中。钱不必太多,主要是给自己一段过渡时间去适应这种手中零钱减少的生活。几个月后,比如两个月后,再加大每次从零用钱中取出的金额。

三、以少起步,建议你把零用钱的10%存起来。这样既可以定期拿出钱来存,又不会使刚开始存钱的你感

到手头紧张。一定要坚持下去哦，不要放弃。要知道，培养一个良好的存钱习惯和坚持存钱比你一次性存入一大笔钱要更好。

四、每天都有意识地从钱包里取出 5~10 元钱，放到一个口袋或者一个信封里，然后每个月都把这样积攒下来的钱存入你在银行的账户里。这样做就像滴水穿石、聚沙成塔一样，只要坚持下去，你的收获就会很大。假设你每天存 5 元钱，每月就是 150 元，一年下来你就会有 1800 元了。这笔钱足以帮助你实现几个小梦想了。

五、定下存钱的目标。你首先要考虑自己为什么要存钱。你应该清楚存钱不是最终目的，存钱是为了实现自己的目标。比如：你想买一套喜欢的书，为爸爸妈妈买礼物，或者计划以后去国外留学等等。不管目标是什么，一旦你找到了，你就要立刻把它写下来或画下来。然后贴在你经常看到的地方：卧室床头、书桌前、卫生间、饭桌旁等，这样它就会经常提醒你。这些目标会非常好地增加你存钱的动力。

FQ 加油站

猜硬币游戏

准备工具：一枚 5 角的硬币，一枚 1 元的硬币

游戏方法：1. 邀请你的伙伴和你一起玩这个游戏。首先让他把两枚硬币握在掌心里，一手握一个。

2. 请你的伙伴用其中一个硬币的面值（5 角的以 5 计算，1 元的以 10 计算）乘以 1、3、5、7 中任意一个单数，然后让他把左右两手所得的两个乘积是单数还是双数告诉你。

3. 如果你的伙伴告诉你,他的右手所得到的乘积是一个单数的话,你就可以很快猜出他的右手中握的是5角硬币,而左手中握的是一个1元的硬币。

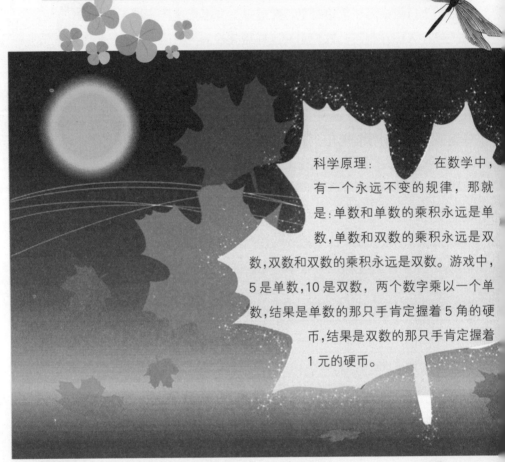

科学原理: 在数学中,有一个永远不变的规律,那就是:单数和单数的乘积永远是单数,单数和双数的乘积永远是双数,双数和双数的乘积永远是双数。游戏中,5是单数,10是双数,两个数字乘以一个单数,结果是单数的那只手肯定握着5角的硬币,结果是双数的那只手肯定握着1元的硬币。

 答 案

第61页答案

　　强盗中途利用吊车改变了路程。在立体交叉路口,用吊车把强盗的车吊起来,放置在高架式公路底下的另一条公路上。这样一来,强盗车可以不必经过B地而安全逃走。

64

第4章
提升消费智慧

1 明确零用钱的用途

有了零用钱,必然就会有消费。可是,对很多人来说,只要消费一开了头,就意味着零用钱全部被用光。这可怎么办呢?

面对这种情况,你一定要提前规划好零用钱的用途。用途可以根据个人的实际需要分为几种。比如在前面的章节里,我们讲到了储蓄,你肯定已经知道储蓄是为了实现一个目标而把钱存起来的手段,而且它可以分为短期、中期和长期几种。这是零用钱的用途之一。

那消费是不是就不算是用途呢?不是的。消费也是其中一种用途,它是指通过购买的行为可以立刻花掉零用钱。只是,本来小朋友得到的零用钱就不多,消费常常会让零用钱一下子就用光了,所以大家有必要通过其他的方式把零用钱存下来,以便实现自己更多的目标。

除了以上的用途之外,零用钱还可以用来投资。投资就是为了实现一个长期的目标而把钱存起来的方法。这个长期的目标要和储蓄中的长期目标区别开来:储蓄中的长期目标通常指的是 1 年内要实现的计划,如购买一个比较大的电器,或者去外地旅游。投资里的长期通常是指需要 2 年以上的时间,甚至十几年等更长

的时间去实现的目标。比如去国外旅行、留学等。

　　小朋友肯定也明白了：投资和储蓄有着十分密切的关系。当你决定把自己用存钱罐存了一定数量的钱存到银行时，你就等于选择了一种有利息的金融产品，这样的储蓄也叫投资。另外，投资还可以包括购买股票、基金、黄金、房地产等多种形式。不过，不管进行什么投资，都应该知道是存在一定风险的，所以小朋友一定要多加了解和考虑。

　　另外，还有一个特别的用途，你一定要知道，那就是：捐赠。捐赠就是适当贡献出自己的东西来帮助一些有困难的人。比如，有的地方遭遇了自然灾害，那里的小朋友不能上学、生活困难，对于生活得很幸福、安全的小朋友来说，拿出一些自己积攒的零用钱，去帮助他们是一种很好的慈善行为。因为，在这样帮助别人的过程中，你将会得到远远比金钱还要重要的友情、温情和爱心。

　　小朋友，以上说的这些都是零用钱的用途，只要你能够掌握这些方法，再加上良好的计划和运用，你一定可以成为一个很会理财、很有爱心的小"富翁"哦！

巧妙的三位数

准备工具：一张纸，一支笔

游戏方法：1. 用笔在纸上任意写下一个三位数，再在它的后面继续写上这个三位数，使它变成六位数。

2. 将这个六位数除以7，所得的商再除以11，所得的商再除以13。结果还是原来那个三位数。

3. 再找一组数字重新试一下，结果每次都能除尽，而且一定还能还原成原来的三位数。

科学原理：三位数的三个数字重复成六位数，等于将这个三位数乘以1001，而1001=7×11×13，所以六位数再除以7、11、13，实际是除以1001，结果仍然会还原为原来的三位数。

2 消费不是一件坏事

小勇对爸爸说："既然那么怕花钱浪费,又储蓄,又投资,不如大家都把钱存起来,一分也不花,岂不是更节省吗?"

小勇这么想太简单了。虽然没有节制的消费不好,而且也倡导大家节制消费、节约消费,但消费本身并不是一件坏事。社会需要合理的消费才能正常运转,过分的节约反而会对经济发展产生负作用。

比如,大家都不去购买衣服,那么服装店的老板和生产服装的工厂就会因为没有销路而倒闭,相应地在这里工作的工人也会失业。同时,为这些工厂提供原料的其他工厂而失业。

如果全国有很多这样的情况,就意味着很多工厂倒闭、很多工人失业。这样一来,整个国家的失业率就会上升。大家买不起生活必需品,而生产这些必需品的厂家因为买的人越来越少、没有利益,会经营困难、中断生产。于是,银行也不会有那么多的人存钱,也不能收回借出的贷款,整个国家的经济运行就会出现越来越多的问题,经济情况就会越来越糟了。

看到这里,小朋友就会明白了,消费并不是一件坏事。如果每个人都根据自己的能力合理地去消费,就会促进经济的发展、刺激生产、加快经济的运行,使整

个社会都处于生机勃勃的状态。

　　所以,过分的消费不是一件好事,但过分的节约也不是一件好事。只有合理、适当、有节制的消费才是真正能起到良好作用的消费。因此,从现在起,购买东西前一定要仔细想一想,现在要买的东西是自己需要的,还是超出需要成为了一种想要。如果是需要,也要全方位考虑一下价格、质量、服务等各方面因素。如果不十分需要,就要权衡一下是不是有必要买了。

什么是 SOSI

　　SOSI 是几个英文单词的首字母缩写,它们分别是 Spending(消费)、Offering(捐赠)、Saving(储蓄)、Investment(投资)。

　　小朋友零用钱的花费可以说就是由这些部分构成的。希望你们能够好好学习管理自己的零用钱,这样还可以为你的未来积攒下一笔宝贵的精神财富呢。

FQ 加油站

吃自助餐

　　有一群开派对的学生去吃自助餐。每 2 人吃一碗米饭,每 3 人喝一碗汤,每 4 人分享一碗鸡肉,共吃了 65 碗,请问多少学生参加了这个派对?

答　案

　　共有 60 个学生在用餐。这一类型问题的解法有很多种。题目告诉你学生的人数正好能被 2、3、4 整除。

3 经济消费的道理

小勇和妈妈去买果汁。家附近就有一家24小时营业的便利店,但是,妈妈却选择了去比较远的大型超市购买果汁。

小勇说:"妈妈,舍近求远买果汁,又浪费时间,又耗费体力。干吗不在便利店买呢?"

妈妈说:"超市的果汁要比这种24小时营业的便利店卖的果汁便宜啊。能省的钱为什么不省呢!"

小勇比较了一下,一瓶果汁在便利店卖3.5元,在超市卖2.5元,相比之下,后者只节省了1元钱。为了1元钱跑那么远的路,小勇真是想不通妈妈为什么要做这么不划算的事情。

其实,妈妈这么做就是适应了经济消费。每个人都会有很多的欲望,有了一个、两个,还会想要三个、四个。如果大家每次消费时都不计较这些基本的节制,不精打细算,大手大脚地花费,那么你算算:一瓶果汁如果多花1元钱的话,你买10次,每次买2瓶果汁,就等于多花了20元钱。而这20元钱如果节省下来,完全可以去买别的东西。

什么是经济消费呢？经济消费的道理很简单，就是要花最少的钱消费，产生最大的效果。因为经济的核心就是要用最少的投资取得最大的收益。妈妈为了节省1元钱选择去超市，或者在市场里和小商贩讨价还价，而企业也会尽可能地降低成本，以获得最大的利益，这就是妈妈选择去超市购买果汁，而不是去便利店的原因。

不过，有一点小朋友要记住：选择获得最大的收益并不代表就能同时得到100%的满足。比如，你手里只有一定数量的钱，冰激凌和蛋糕两个当中只能买一个，选择了蛋糕就不能要冰激凌。如果你想两个都要，就得考虑手里的钱如何花费才能发挥最大的作用，这就需要你在买东西前考虑一下价格、质量、服务等再作出决定了。

如何执行目标

把自己想做的事情、想要完成的目标按时间长短和重要性依次写下来。然后把这张表贴在写字台上，每实现一个目标，就画掉一个。

FQ 加油站

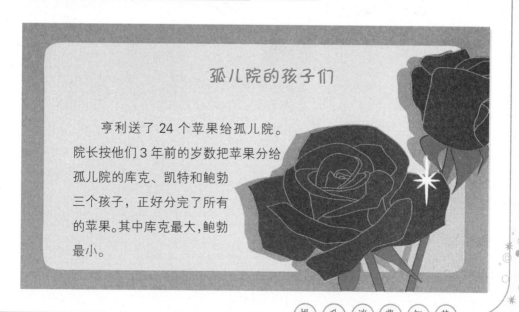

孤儿院的孩子们

亨利送了24个苹果给孤儿院。院长按他们3年前的岁数把苹果分给孤儿院的库克、凯特和鲍勃三个孩子，正好分完了所有的苹果。其中库克最大，鲍勃最小。

最小的孩子鲍勃最伶俐,他提出这样分不公平:"我只留一半,另一半给他们两个平分。然后凯特也拿出一半让我和库克分。最后库克也拿出一半让我和凯特平分。"院长同意了,结果3人的苹果就一样多了。

算一算他们3人各几岁。

答 案

　　最后结果是每人8个苹果,显然这是库克留下的数,那库克分苹果前是16个苹果,而当时凯特和鲍勃手中应各有4个苹果,由此推出凯特分出苹果前有8个苹果,而鲍勃的4个有2个是凯特分出的,另2个是他第一次分配所余,最初鲍勃的数就知道了是4个。凯特得到鲍勃的1个成为8个,凯特最初是7个,库克自然是13个苹果。

　　每人再加3岁,鲍勃7岁,凯特10岁,库克16岁。

各种消费方法

人们的消费通常会受到来自自然、社会、个人经历等客观因素的影响。所以，树立正确的消费观很重要。小朋友应该认识以下一些常见的消费现象，并作出正确的选择：

一、从众消费

有从众心理的人，在看到许多人都在购买同一商品时，便会不由自主地跟随消费。比如，盲目追求时尚、追求流行等行为。

正确的做法：我们是否消费应该从实际出发，不能盲目从众。

二、求异消费

标榜个性，追求"与众不同"，专门消费各种稀奇古怪或者最新潮的东西。

正确的做法：小朋友应该有自己的个性，但展示个性时要考虑社会的认可，还要考虑代价。为显示与众不同而过分标新立异，是不值得提倡的。

三、攀比消费

就要比别人穿的名牌多好，吃得多好，用得多独特……这种建立在和别人攀比之上的消费是典型的错误消费行为。这种消费心理也是不健康的。

四、求实消费

在消费时要综合考虑商品的价格、质量、售后服务等各方面情况，从实际出发，而不是跟风买、搞攀比。这种消费行为讲究实惠，考虑自己的实际情况，是一种理智的消费行为。

总之，人们的消费行为往往受到多种消费心理的影响。

小朋友一定要仔细想想自己身上有没有前三种不好的消费表现，如果有的话，一定要记住按照第四种的方法来逐步改正。在日常生活中，我们要树立一个正确的消费心理，使我们的消费向合理、健康、文明的方向发展，做一个理智的消费者。

你要避免这样做

大手大脚花费，总购买利用率很低的物品。

经常透支，甚至借钱消费。

攀比消费，超出个人能力消费。

消费没有计划，到最后才后悔。

汽车是谁的

　　凯特、丽莎和玛丽每人都拥有 3 辆车:一辆双门、一辆四门、一辆五门。每个人也都分别有一辆别克、一辆现代、一辆奥迪。但是,同一品牌的汽车的门的数量却各不相同:凯特的别克汽车的门的数量与丽莎的现代汽车的门的数量一样;玛丽的别克汽车的门的数量与凯特的现代汽车的门的数量一样;凯特的奥迪汽车为双门,而丽莎的奥迪汽车则有四门。

　　请问:

① 谁拥有一辆双门的别克汽车?

② 谁拥有一辆四门的别克汽车?

③ 谁拥有一辆五门的别克汽车?

④ 谁拥有一辆五门的现代汽车?

⑤ 谁拥有一辆五门的奥迪汽车?

答　案

①丽莎 ②玛丽 ③凯特 ④丽莎 ⑤玛丽

5　聪明的消费方法

一个聪明的消费者应该在消费中尽量避免一些不健康的消费心理的影响,采用聪明的消费方法,即要作到理智的消费。你可以参照以下方法去做:

一、量入为出,适度消费

量入为出、适度消费,就是指消费要与自己的经济承受能力相适应,不要超额花费。比如你只有 100 元的零用钱,但是你为了一个并不很需要的 200 元的 MP3,提前把下个月的零用钱预支了,这就是超额花费。这样不仅影响了你当月的生活质量,也影响了下个月的生活质量。所以,应该提倡适度消费。同时,也要提倡积极、合理的消费而不能过分抑制消费。前面已经讲过,不消费也不是一件好事,甚至会影响到社会经济的运行。

二、避免盲从,理性消费

在消费中要注意避免盲目从众,尽量从需要出发,理性地消费,要尽量避免情绪化消费。情绪化消费,就是常常心血来潮,因为心情不好或者太好而冲动消费,事后才发现这种消费选择并不适合自己的需要。因此,小朋友从小就要注意养成冷静的消费习惯。

三、不要重物质消费,忽视精神消费

买零食、服装、电器等都属于物质消费,这样的消费确实可以令人有一定程度的愉悦。但是在生活中,除了这些,还有别的东西更为重要。比如通过读书培养自己的气质、增加自己的内涵、学会思考,这可以提高我们的生活质量。所以,小朋友,平时要注重精神上的消费,经常读书,看一些优秀的影片及参观各类博物馆等。千万不要让自己成为一个物质狂人,把自己美好的生活迷失在对物质的单一追求上。

四、勤俭节约,艰苦奋斗

从个人思想品德修养的角度讲,勤俭节约、艰苦奋斗有利于个人优秀品德的形成和情操的陶冶,是有志者应该具备的一种精神状态。当然,不能把勤俭节约、艰苦奋斗与合理消费对立起来,勤俭节约不是过分抑制消费,而是说不要浪费。

总之,以上四个原则,是科学消费观的具体要求,小朋友如果能够具体运用到生活中去,那你一定可以成为一个聪明的消费者。

FQ 加油站

外国游客

5位外国游客分别来自罗马、新德里、费城、华盛顿和巴西利亚。请根据下面的谈话分别确认他们各来自哪里?

甲:我曾到过北美洲,但还没有去过南美洲。下个月,我准备去罗马旅游。

乙:去年我曾在费城旅游过,下个月我也要去罗马旅游。

丙:我去年到过费城,它是我去美国的第一站。

丁:我从没有去过费城。我第一次出国旅游。下个月,我要去欧洲或者南美洲。

戊:……

甲来自新德里,乙来自巴西利亚,丙来自罗马,丁来自华盛顿,戊来自费城。

6 买需要的,选择想要的

要有效使用手里的零用钱,就要明确花钱的目标,想想是否值得去购买。你要考虑的方面很多:如价格、质量、售后服务等。但在考虑这些之前,首先要明确你看上的这件东西是必需的物品,还是超出需要是一种奢侈享受的物品。这种分类是必须的,因为从经济角度确定目标是经济理财的一个开端。

那么,什么是需要的东西,什么是想要的东西呢?

需要的东西,就是你确实缺少并且能派上合理用场的物品,比如参考书籍、学习用具等。

想要的东西,就是超出了需要,很想要,但没有也不会有什么不好影响的物品。举个例子说明:你买一支笔就够用了,可是你还想要买另一支,因为它比较漂亮,那这第二支就是想要的。

买东西前,要让自己养成这样一个分类的习惯。通常,要按照这个原则消费:购买需要的东西,选择想要的东西,而避免买不需要的东西,尤其

是经济能力不允许的时候。但这并不代表在经济能力允许时,想要的东西就可以毫不犹豫、毫无计划地买进。无论何种条件,都应该尽量按照这个原则消费。这是有效避免冲动消费、浪费、超前消费的好方法。

管理金钱的目的

有效地管理零用钱,除了培养个人的财商、提高赚钱的能力外,还有一个更重要的目的就是培养个人的自信心。有很多方法可以让一个人拥有自信,像管理金钱这种渗透到生活各个角落的经济活动就是其中一个好方法。

你知道吗? 无论是通过努力储蓄或节省来积累金钱的人,还是市场上去做小买卖赚取金钱的人,他们都有一个共同点,那就是很有自信心。

FQ 加油站

买衣服

凯特、吉姆、苏森和乔治来到一家商店选购衣服。售货员介绍道:"英雄牌每件 90 美元,豪杰牌 50 美元,佳人牌 100 美元,风华牌 95 美元。"事后,他们高兴地聊了起来。凯特说,"我这件衣服花了 90 美元。""是吗?"买了佳人牌的人说:"我买的比乔治那件价钱要贵。""我选择的是最便宜的一种。" 另一个人对吉姆说。"我买的这件比你买的价钱要低一些。"乔治告诉吉姆。根据上述对话,请您判断一下他们 4 个人分别买的是哪种牌子的衣服?

答 案

凯特买的是"英雄牌"衣服,吉姆买的是"佳人牌"衣服,苏森买的是"豪杰牌"衣服,乔治买的是"风华牌"衣服。

7 填写零用钱收支表

　　小朋友,你们有没有想过这样一个问题:一个大型超市,雇员几百人,每个月都会卖出很多东西,又会买进很多货品。那每个月赚的钱是怎么管理的呢?

　　答案是:这样的公司都会雇用专门理财的人来管理自己的账目,他们会把自己每天的收支情况专门记录在账本里。这样,每天的收支情况就会很直接地反映出来,如赚了多少钱、用掉了多少钱等等。这样,即使再大的公司、再多的人也可以很清楚地来管理拥有的金钱了。

　　小朋友的零用钱虽然有限,但也可以向这些公司和企业学习,养成用账本记录每个月零用钱收支情况的习惯。如果觉得不太会用账本的话,也可以自制一个收支表贴在自己的屋子里。

　　首先,找一个方形的厚纸板,废弃的牛奶箱或者其他包装用纸板就可以。

　　其次,根据你要贴的位置的大小裁剪成合适的形状,一般来讲都是长方形。也可以做成自己喜欢的卡通形状,不过一定要易于辨认、书写才行。

　　最后,找一张大小等同的白纸

订在制作好的纸板上。提前在白纸上画出一个表格，行数可以按当月的天数确定。如下表：

XXXX 年 X 月零用钱收支一览表

日期	收入情况	支出情况	盈余情况	小结	备注
5 日	5.00 元	0.00 元	5.00 元	5.00 元	帮妈妈做家务得到的收入
8 日	10.00 元	2.00 元	8.00 元	13.00 元	负责清扫家里卫生收入，买笔支出
...					

本月记录完毕后，你可以拆下来，换上新的月份表继续记录，然后把每个月的收支表订在一起，经常观察自己的收支情况。如果发现支出速度和支出数量远远大于收入，就要好好总结近期的消费表现与消费规律，对于不好的地方要及时进行纠正。如果靠自己的力量不能改正，就请爸爸妈妈来帮助自己，可以定一个规矩或者原则，然后严格遵守。

经过一段时间后，你对自己口袋里的钱就会有一个非常清楚地把握：有多少钱，要怎么用等。当你对自己手里的钱的数量和来源有了清楚的认识后，自然就会自主地控制消费，或者说可以更理性地消费。这就是收支一览表起到的作用。

FQ 加油站

康乃馨

母亲节快到了，佳佳去花店买了 5 束康乃馨送给 5 位母亲。每束花有 8 朵，有黄的、粉红的、白的和红的，每种颜色都是 10 朵。为了让 5 束花看起来各有特点，每束花中不同颜色的花朵数量不全相同，不

过每束花中每种颜色的花至少应该有一朵。

下面是 5 位母亲所收到的花的情况:

张妈妈:黄色的花比其余 3 种颜色的花加起来还要多;

王妈妈:粉色的花要比其他任何一种颜色的花都少;

李妈妈:黄色和白色的花之和等于粉色和红色的花之和;

赵妈妈:白色花是红色花的两倍;

董妈妈:红色花和粉色花一样多。

请问:5 位母亲各自所收到的花中每种颜色的花各有几朵?

答 案

张妈妈的花由 5 朵黄色、1 朵白色、1 朵红色、1 朵粉色组成。

王妈妈的花由 2 朵黄色、3 朵白色、2 朵红色、1 朵粉色组成。

李妈妈的花由 1 朵黄色、3 朵白色、3 朵红色、1 朵粉色组成。

赵妈妈的花由 1 朵黄色、2 朵白色、1 朵红色、4 朵粉色组成。

董妈妈的花由 1 朵黄色、1 朵白色、3 朵红色、3 朵粉色组成。

学会买东西

妈妈向小勇提议要学习如何买东西。小勇说:"买东西还用学吗?给钱,拿商品就好了。三岁的小孩子都会做啊。"

小勇的这种说法其实不是关于如何买东西的,而是简单地阐述了一下最基本的交易概念。这个概念我们在第一章里讲到关于钱的产生知识时涉及过。那么妈妈提到的买东西是什么概念呢? 小朋友有没有必要学习呢?

先回答第一个问题,妈妈提到的买东西,其实指的是具体的购物技巧和方法。虽然小朋友一般购买的都是一些小物品,价格不高,但是这里面的学问还真不少。如果学会一些技巧,就可以帮助大家节省一些金钱,还可以帮助大家在买的过程中更好地理解理财的道理,增加财商方面的知识呢。所以,第二个问题的答案就是:虽然是小朋友,但也很有必要学习一下买东西的学问呢。

你可以这么做:

一、决定购物前,首先要了解购买的商品。小件的物品要了解一下价格、质量、特点等,然后根据想要的和需要的原则来决定是否购买。如果购买的是一件相对较贵重的东西,如学习机、MP4 等,那你还需要了解一些更具体的内容如:

商品质量　　　　　　价格

特点　　　　　　　　评价

　与其他商品的比较

你可以通过以下方法来了解:

询问购买和使用过的人。询问内容还包括使用感受与建议。

上网查询，包括价格、特点与大众评价。

请爸爸妈妈帮助鉴别、比较。

如果有试用的，可以申请试用。

二、买小件物品时要注意细节。如以下这些方面：

外观是否完好。

如果是食品，一定要注意生产日期和保质期，看颜色和形状是否比较新鲜，有没有异味。

如果是工具，比如笔，要检查使用情况。

需要长期使用的物品，要检查其适用性、耐用性，这是理财高手都会很注意的问题。

是否卫生和安全。

三、自己心里有数，不要轻易被商家"忽悠"。卖东西的人为了把商品成功销售出去，有时会使用很多花哨的词汇来介绍商品，有时会夸大其词，比如夸大实用性、耐用性，或者说得很便宜实惠。如果是服装之类的商品，有时会"强迫"性地使你忽视自己穿着后的感觉，夸大它漂亮的一面等等。这些都是很容易在购物时遇到的陷阱，所以买东西时，一定要心里有数，不能跟着别人走。有自己的主见，上当的概率就会少一些。

四、注意货比三家，不要一逛街一进店就忍不住买东西。现在商品种类丰富，很多店铺都会有相同的商品，而且因地理位置、进货渠道的不同，价格也会有很大差异。比如同一件 T 恤，有的地方卖 80 元，有的地方可能 40 元就能买到。

五、会砍价。能讲价的一定要讲价，如果你提出的价钱，老板能接受，那达成协议的机会会很高的；即使不成功，也锻炼了你与陌生人的沟通能力、表达能力和随机应变能力。

餐厅聚会

有 7 个年轻人,他们是好朋友,每周都要到同一个餐厅吃饭,但是他们去餐厅的次数不同。大力士每天必去,沙沙隔一天去一次,米米每隔两天去一次,玛瑞每隔三天去一次,好好每隔四天才去一次,科特每隔五天才去一次,次数最少的是玛奇,每隔六天才去一次。

昨天是 2 月 29 日,他们愉快地在餐厅碰面了,他们有说有笑,憧憬着下一次碰面时的情景。请问:他们下一次相聚餐厅会是在什么时候?

答案

7 个年轻人要隔许多天才能在餐厅里相聚一次,这个天数加 1 需能被 1~7 之间的所有自然数整除。1~7 的最小公倍数是 420,也就是说,他们每隔 419 天才能相聚于餐厅一次。因为上一次聚会是在 2 月 29 日,可知这一年是闰年。那么第二年 2 月份就只有 28 天一种可能。由此可推,他们下一次相聚是在第二年的 4 月 24 日。

9 了解打折、优惠的信息

　　小勇和小刚相约一起去买运动鞋。两个人看上了同一个牌子的同一款运动鞋,小刚选择去东大门的商场买正在打8折的运动鞋,可是小勇却非要买西大门的专柜里的原价运动鞋,理由是:打折的鞋肯定有问题,关注打折信息是老奶奶才会做的事情,而且别人知道这是打折的鞋会很丢人。结果小勇在买运动鞋上就比小刚多花了50多元钱。

　　难道不打折的运动鞋穿在脚上真的要比打折的运动鞋更舒服,跑得更快吗?当然不是。小勇的想法都是虚荣心在作怪。有不少同学都因为这种虚荣心而浪费了很多钱呢。有的同学觉得爸爸妈妈在超市和商场里选购打折的商品,让自己很丢脸。买东西时,总是给父母难看的脸色,还说爸爸妈妈小气。有的同学甚至嘲笑别人去购买打折的东西是一种"土老帽儿"的行为。其实,他们不知道,自己的这种"看不起、不耐烦"的行为才是真正可笑、幼稚的行为呢。

　　商家之所以会有打折、优

惠这样的活动，并不是因为要急于处理出现问题的商品，而只是出于利益考虑，进行的一种商业活动而已。折扣其实并不是亏本销售。看上去，商家好像是亏了本在销售。其实，商家因打折出售而销量大增的总收益可能要远远高出他们正常销售的收益呢。

打折的最基本原因就是供大于求。就是生产的商品数量太多，超过了消费者的需求数量。当然，商家可以等着顾客上门，或者把它储存起来等到下一年再卖。不过，商品的保管也是需要一定费用的，而且还不低。与其花钱存到下年再卖，不如现在就降低价格卖出去，这样既可以省下保管费，还照样可以赚上一笔钱，只不过是赚得多与少的问题。还有，流行潮流的不断变化也是打折的一个原因，尤其是服装类的物品，如果过时了就很难卖出去，而在还流行的情况下，以打折的方式卖出去，实际上更合算。

还有一点也需要小朋友了解，那就是生产企业在确定商品价格的时候，就已经预测到今后可能会打折出售，所以你所看到的标价中早就包含了打折的部分。有统计调查表明：在服装中，实际按照"正常价格"来销售的还不足10%。

平时多注意一些商品打折优惠的消息，会帮助你节省不少金钱。而且，在这样的活动中，你可以逐渐了解一些非常有用的经济常识，这些常识也是一个拥有高财商人士必须要掌握的知识。

商场购物

强强、壮壮和冬冬三兄弟约定在某个周日去商场。他们各自买了不同的东西:书包、CD、英语字典、篮球等。

请根据三人的发言,推断谁买了什么东西。每个男孩的话都有一半是真话,一半是假话。

强强:"壮壮买的不是篮球,冬冬买的不是 CD。"

壮壮:"强强买的不是 CD,冬冬买的不是英语词典。"

冬冬:"强强买的不是书包,壮壮买的不是英语词典。"

请问:他们 3 个人各自买了哪件东西?

答 案

强强:书包。壮壮:篮球。冬冬:英语字典。

10 学会退换不满意的商品

花钱买了喜欢的东西回家,却发现:

◎外观有问题

◎性能有问题

◎耐用性差,没几天就坏了

……

这样令人沮丧的事情肯定会
破坏好心情。碰到这种事情不要只
顾唉声叹气,或者觉得无所谓,更
不要认为"也没花几个钱,就这样算了吧"。因为这不仅是浪费的问题,更关系到有
没有理财意识、会不会理财的问题。小朋友如果碰到这样的问题,一定要学会维
权,掌握一些方法去退换货。

一、保留购物小票与发票,索取购物票据、保修单等,并妥善保存。票据上要写
清所购商品的名称、型号、价格、购买日期、商店地
址字号等, 这些都是可以帮助你退换货物的凭证,
并能帮助你省下退换时很多不必要的麻烦。

二、购买商品后,注意查看商品的保修
说明等相关文件。如果规定了保修保换的具
体期限,比如七天内包换等承诺,就一定要
在这样的期限内注意它的质量等各方面有
没有影响使用的问题。

三、退换货时，要态度诚恳，描述诚实可信。不要编造谎言，故意为人家制造麻烦，或者只是想占商家的便宜。

四、带着要求退还的商品，同时带上购买时附带的凭证及包装等。以免有需要时，在路上浪费时间与精力。

五、一定要礼貌为先，不能认为"顾客是上帝"，就对服务人员恶语相加、态度恶劣。这样的"上帝"不仅不会得到本应该享受的服务，还会给别人造成恶劣的印象，影响别人的工作。

六、购物遇到纠纷时要冷静对待，既不要忍气吞声，也不要意气用事，应该用法律手段来维护自己的消费权益。纠纷协商不成时，应及时向"消协"或有关部门投诉。

每1分钱都是一颗种子，如何种植这颗种子，如何让这颗种子变成参天大树，如何好好维护这棵大树，需要你认真地学习、实践和总结。上面提供的这些方法希望能对你有所启发！

FQ 加油站

损失了多少财物

顾客拿了一张百元钞票到商店买了25元的商品，老板由于手头没有零钱，便拿这张百元钞票到朋友那里换了100元零钱，并找了顾客75元零钱。

顾客拿着25元的商品和75元零钱走了。过了一会儿，朋友找到商店老板，说他刚才拿来换零钱的百元钞票是假钞。商店老板仔细一看，果然是假钞，只好又拿了一张真的百元钞票给朋友。

你知道在整个过程中，商店老板一共损失了多少财物吗？

注：商品以出售价格计算。

答案:商店老板损失了100元。

老板与朋友换钱时,用100元假币换了100元真币。此过程中,老板没有损失,而朋友损失了100元。

老板与持假钞者在交易时:100＝75＋25元的货物,其中100元为兑换后的真币,所以这个过程中老板没有损失。

朋友发现兑换的为假币后找老板退回时,用自己手中的100元假币换回了100元真币,这个过程老板损失了100元。

所以,整个过程中,商店老板损失了100元。

11 坚持写购物日记

"小勇,你上个月的零用钱都是怎么用的?有没有什么心得呢?"爸爸和小勇聊天的时候,向小勇提了这么一个问题。

"嗯,嗯,就那么花了呗,都没干什么,就没有了。"小勇支支吾吾地说了这么一句。

小朋友大概也看明白了,小勇根本就不知道自己的零用钱是怎么花出去的,所以一点儿也说不上来。至于心得,那肯定是没有了。

针对这种糊里糊涂消费的习惯,这里建议大家坚持写购物日记,即每次消费后,都在日记里记录下购物的时间、地点、内容、金额以及消费体会。就像小刚写的一样:

2008 年 5 月 28 日　星期三　天气晴　西单
今天是周三,我和小勇一起去西单玩儿。那里的人可真多,我们逛了好几家特

色店,有卖时尚手机饰品的,有卖最新电动玩具的。

在一家名叫"时尚玩主"的小店里,我看中了一款新的玩具,可是价格太贵了。以前买东西,都是爸爸妈妈给我买,这次我只能用有限的零用钱来买,这么高的价格我怎么可能承受得了呢?唉,不当家不知柴米贵,真是这个道理。现在我觉得钱真是不够用,而且看中的玩具价格还那么高,真讨厌!

不过,话说回来,我还是很想要,虽然不知道要怎么样才能很便宜地买下来。最后我还是硬着头皮和对方砍了一下价,买回家后大家都说还是买贵了。这次购物让我有了两点体会:

1.钱来得不容易,都是一分一分赚的,以后不能再大手大脚花钱了。

2.要学习一些购物技巧,不能"糊涂"消费,这样可以省下不少钱去做别的事情。

长期坚持下去,这样的日记可以使你懂得:

1.尊重金钱,知道每一分钱都不应该轻易地浪费。

2.如何消费,如何用最经济的方式去消费。

换句话说,这样的方式等于你在亲身实践理财,只要你能做到:

1.不乱花钱。

2.有计划地消费。

3.积极攒钱。

4.坚持学习。

你就一定可以学会合理消费。

FQ 加油站

果汁怎么分配

商店老板有一个圆柱状的果汁桶,容量是30升,他已经卖了8升给客人。小华和小力是他的老顾客,今天也来买果汁。小华带来的瓶子的容

量是4升,小力的则是5升。小华只想买3升的果汁,小力只想买4升的果汁,但今天商店老板的电子秤坏了,他应该怎么做才能使这两个老顾客得到各自想要的升数,而且又能使果汁不溢出容器?

答 案

　　老板倒4升的果汁到小华的瓶子里,然后把这些果汁倒到小力的瓶子里,小力就得到他想要的果汁了。现在果汁桶里还剩下18升的果汁,老板把这些果汁倒到小华的瓶子里,直到桶里的果汁高度是圆桶的一半就可以了,刚好只剩15升,而小华也得到了他想要的3升。

12 控制消费欲望

其实，说来说去，导致消费过度的根本原因在于大家的消费欲望没有得到很好的控制。如果能够经常练习控制消费欲望，就能慢慢养成合理的消费习惯。这对于提高个人的财商，提升个人的理财能力是相当有益处的。

改变一些想法，有助于改变消费观念，你可以这么做：

当你想说"哇，我想要"时，要变成"嗯，真可爱，不过我并不需要"。

当你禁不住想"不是很贵，也许可以买一个"时，要变成"如果现在买了它，那我手里的钱就会不必要地浪费了三分之一"。

当你想"这东西真贵"时，要变成"我要选择买物有所值的东西，而不是总盯着这些昂贵却用不着的东西"。

当你想"为什么我没有那么多的钱？我买不起"时，要变成"即使没有很多的钱，我也可以用智慧买到又经济又实惠的物品"。

改变一些行动，有助于改变消费行为，你可以这么做：

没有消费计划时，不出门；有消费计划时，购物要直奔主题，不要东张西望，为自己找更多的目标和借口。

出门拿固定数额的钱,不要多拿,不要拿父母给的银行卡。预留车费以及其他必需费用,剩下的钱要量力而为,如果一次性都花完,不要借钱,不要向父母再要。否则,你的欲望会越来越多,多到无法克制。

如果不必要,不要去繁华商业街或者购物中心,选择去公园、图书馆、展览馆、书店等地方,更可以达到益智休闲的目的。或者待在家里,做更有意义的事情。

怎么样?赶紧来做一做吧。

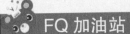

FQ加油站

吝啬鬼的把戏

有一个吝啬鬼去饭店吃面条,他花1元钱点了一份清汤面。面上来了,他又要求换一碗2元钱的西红柿鸡蛋面。服务员对他说:"你还没有付钱呢!"吝啬鬼说:"我刚才不是付过了吗?"服务员说:"刚才你付的是1元钱,而你吃的这碗面是2元钱的,还差1元呢!"吝啬鬼说:"不错,我刚才只付了1元钱,但现在又把值1元钱的面还给了你,不是刚好吗?"服务员说:"那碗面本来就是店里的呀!"他说:"对呀!我不是还给你了吗?"

这么简单的账怎么就糊涂了呢?吝啬鬼真的不需要付钱了吗?

答 案

在这笔糊涂账中,关键在于第一次的1元钱已经"变"成了面条,不能再算了。吝啬鬼还应该再付1元钱。

合理地管理压岁钱

过年了，只压岁钱一项就让小勇一下子变成了一个小富翁：爷爷、奶奶给了200元；舅舅、舅妈给了400元；大姨给了200元；二姨给了200元；小姨给了100元；爸爸妈妈还给了100元。粗略一算，光过年这两天的"收入"，就有1200元了。小勇晚上睡觉都乐得合不拢嘴了。不过，这种合不拢嘴的好日子可没有持续多久，开学后没两个星期，小勇就糊里糊涂地把钱花了个干净。

"压岁钱啊，压岁钱，让我欢喜让我忧。我究竟怎么花光的压岁钱呢？"小勇叹着气说。

小勇的问题相信也是让很多小朋友头疼的问题，那么究竟该怎么处理这些"来也匆匆，去也匆匆"的压岁钱呢？这里为你提供三种途径，你可以这么做：

一、制订一个计划，根据要实现的目标把这笔钱分成具体的几个部分使用。如可以分为购买文具基金、旅游基金、孝敬父母基金、意外支出基金（以备不时之需）等。这是根据实现目标的不同，管理金钱的一个方法。

二、存入自己的银行账户，作长期打算。比如作为自己下个学期的学费，或者来年的旅游费等。存入银行,可以避免你因一时冲动而盲目消费。同时,银行管理可以给你更多时间慎重考虑如何使用这笔钱,避免了因冲动消费而导致的浪费。

三、留下一小部分供自己有计划地支配,余下的让父母为自己投资。比如小勇得到的压岁钱数量挺多,就可以在爸爸妈妈的帮助下尝试着购买定投基金,这样来年过年的时候,小勇就会看到自己去年的压岁钱有了不少的增加。这也是有效使用的一个好方法。

四、请爸爸妈妈用这笔钱为自己购买合适的保险。购买保险是现在很多人的投资新选择,保险具体有哪些种类、有什么好处,可以请爸爸妈妈帮忙比较、选择。

总之,只要小朋友想办法动脑筋,就一定可以找到适合自己的管理压岁钱的办法。

FQ 加油站

压岁钱

洋洋是一个节俭的孩子。刚过完新年,他就把大人们给他的压岁钱都存进了银行。他的 4 个兄弟姐妹都想知道洋洋到底有多少压岁钱。

哥哥说:洋洋有 500 元压岁钱;姐姐说:洋洋至少有 1000 元压岁钱;弟弟说:我猜哥哥的压岁钱不到 100 元;妹妹说:哥哥的存折上至少有 100 元。这 4 个人中,只有一个人猜对了。你能推断出洋洋到底有多少压岁钱吗?

答 案

如果哥哥猜对的话,那么妹妹也对;如果姐姐猜对的话,那么妹妹也对;如果妹妹猜对的话,那么哥哥也对。因此,无论你怎么假设,最后只有一个人猜对,这个人就是弟弟,即洋洋的压岁钱少于 100 元。

14 拒绝"借钱"消费

小勇这个月的零用钱很快就用没了，可是还有很多早就想买的东西都没买呢。小勇决定向小刚借钱，理由是：

◎小刚一直在攒钱，有不少存款，有能力借给自己。

◎下个月拿到零用钱就可以立刻还给小刚，就算比约定的还钱期限晚一点，小刚也不会说什么的。谁让他和自己是好朋友呢。

小勇觉得这个计划简直是完美无缺，但是，真的可以这样"完美且万无一失地"去借钱吗？

答案是：NO。凡是和小勇有一样想法的小朋友都要赶快消除这种想法，并且从现在开始就要好好管理自己的零用钱。如果不是很困难，或者要解决很紧急的事情，一定不要随便向别人借钱。因为，随意地借钱消费会造成以下这些不好的影响：

◎使你模糊花费限度，花起钱来没有止境，陷入消费陷阱。

◎使你形成非常错误的认识：虽然自己没有钱，但别人有钱，只要去借就可以。结果使你不断地去超前消费，最终让自己背上沉重的债务包袱。

◎还钱的压力会越来越大，消费的欲望也会越来越强烈，会使你沉重的精神负担。

总之，借钱消费是一种非常不好的习惯，有句成语叫

"寅吃卯粮",意思是寅时就吃完了卯时要吃的粮食,影响了以后的生活。借钱消费就是这种非常没有计划性,并且会影响以后生活的坏习惯。小朋友一定要坚决拒绝"借钱消费"。那是不是就不应该借钱呢?也不是。谁都会有遇到急需用钱的时候,只要你不是用来满足自己那些不理性的消费欲望就可以。同时,你也应该学着这样做:

1.不要用消费去治疗悲伤或者低落的心情,时间长了,你会依赖这个发泄习惯,对心理会有不好的影响。

2.当你有向别人借钱的想法时,首先要数3个数让自己冷静下来,然后问自己几个问题,比如:我这么迫切想买的东西真的有用吗?借钱后,我是否有能力立刻把钱还给人家?这样可以理清头绪,克制冲动消费。

3.意志要坚定。对于不能做的事一定要坚决拒绝。

4.管理金钱,衡量自己的预算。不要"打肿脸充胖子",不要"入不敷出"。

"消费词语"要牢记:

量力而为,按时偿还,有借无还,再借万难。

FQ 加油站

难解的债务关系

甲、乙、丙、丁 4 人是好朋友。有一天,甲因为要办点事情,就向乙借了 10 元钱,乙正好也要花钱,就向丙借了 20 元钱,而丙的钱实际上也并不多,就向丁借了 30 元钱,而丁刚好在甲家附近买书,就去找甲借了 40 元钱。

恰巧有一天,4 人决定一起出去逛街,乘机也将欠款一一结清。请问:他们 4 人该怎么做才能动用最少的钱来解决问题呢?

 答 案

只要让乙、丙、丁各拿出 10 元钱给甲就可以了,这样只动用了 30 元钱。否则,每个人都按照顺序还清的话就要动用 100 元钱。

第5章
提高投资意识

1 投资比储蓄更有意义

　　富翁的三个儿子都长大了。为了让孩子们能够学会自己养活自己,富翁决定出题考考他们。他分别给了三个儿子100元钱,然后让他们出去闯荡一年,一年后看谁的钱能赔得少,赚得多。三个儿子带着这样的任务离开了家,一年后大家如期回到了家。富翁让他们把一年来所得的钱都拿出来。第一个儿子拿出了100元钱,既不多也不少;第二个儿子拿出了150元钱,赚了一点;第三个儿子拿出了300元钱,成了赚得最多的人。

　　原来第一个儿子为了不损失一分钱,就找了一个隐秘的地方直接把钱藏了起来,一年中他没有用过其中的一分钱,吃饭的钱都是通过乞讨得来的;第二个儿子则跑去把钱存到了银行里,利用当地的利息(很高的利率)赚了50元钱,生活也过得很节俭;第三个儿子呢,则用这100元钱做起了小买卖,他该节省的节省,该投入的投入,生活并没有多辛苦,但是却成了收益最大的人。

　　小朋友,不知你能否明白,当金钱积攒到一定的数量后,投资其实是比储蓄更有意义的事情。因为和比较机械、简单、增长缓慢的储蓄相比,合理的投资可以更快、更有效地获取财富。很多通过投资成功的富

人就认为："财富不利用就等于浪费钱,浪费了上好的资源。"故事里的第一个儿子虽然没有浪费,也生活得很节俭,但是他没有好好利用金钱,发挥它更大的作用,所以和他的两个弟弟相比,他是一个不会理财的人。

可以这么说,要让你的钱为你工作,就应当尝试进行投资。小朋友现在年纪还小,可以先学习、了解一些相关的理财知识,等你们长大以后,就可以利用这些知识来使钱更有效地增值了。

投资的基础是个人必须有盈余,也就是有一定的积蓄。就像盖楼,有了第一层,才有可能再建第二层、第三层。小朋友千万不要认为:只要想投资就能投资。我们尤其不赞成在没有任何经济实力和专业知识的情况下,借钱去投资。

FQ 加油站

珠宝公司的习钻奖励

瑞芳在一家珠宝公司工作,由于她工作积极,公司决定奖励给她一条金链。这条金链由 7 个环组成,但是公司规定,每周她只能领一个环,而且切割费用由她自己负担。

这让瑞芳感到很为难,因为每切一个金环,就需要付一笔昂贵的费用,再焊接起来还要一笔费用,想想真不划算。聪明的瑞芳想了一会儿之后,发现了一个不错的方法,她不必将金链分成 7 个环了,只需要从中取出一个金环,就可以每周都领一个金环,她是怎么做到的呢?

答案

取出第三个金环,形成 1 个、2 个、4 个三组金环。第一周:领 1 个;第二周:领 2 个,还回 1 个;第三周:再领 1 个;第四周:领 4 个,还回 1 个和 2 个;第五周:再领 1 个;第六周:领 2 个,还回 1 个;第七周:领 1 个。

2 要利用盈余投资

　　投资需要一定的规划才能进行。对于小学生朋友来说,投资的钱可以通过积攒来得到,如果实在需要再增加一些,而短期内又没有能力,可以向父母求助。但一定不能全部都依靠父母,否则就变成了父母投资,而非自己投资了。不要小看积攒,这是一个非常好的方法和习惯。

　　投资时一定要能保证自己的基本生活消费。不能一边用钱投资,经历着风险,一边却还要借钱生活,举债度日。这种投资方式对自己是很不负责任的。

　　另外,还要考虑另一个重要的方面,那就是盈余还应包括应付生活中的意外的费用,比如生病的费用。

　　小朋友还要明白这个道理:保证基本生活并不是投资的目的,只是投资的一个前提。这些知识,现在对小朋友来讲还有些难,所以只作了解就可以了。

FQ 加油站

男生和女生

小魏把家里养的鸡和兔子装在一个笼里。现在知道鸡的数量和兔子的数量是一样的，又知道把所有鸡脚的数量和所有兔脚的数量加在一起总共是 90 只。

想想，小魏把多少只鸡和多少只兔子装进了笼子里？

答　案

鸡脚加兔脚是 6 只，因只数相等，所以 90÷6=15，笼中有 15 只鸡，15 只兔。

110

3 常见的投资方式

常见的投资方式有很多，对小朋友来说，少数的一些，可以在爸爸妈妈的帮助下体验一下，还有一些可以等长大一些后再进行尝试。现在就先来了解一下吧。

投资一：炒股票

大多数人对于股票都是比较熟悉的。可能小朋友有一个这样的印象：炒股能赚大钱。

那股票究竟是什么呢？股票是股份证书的简称，是股份公司为筹集资金而发行给股东作为股东的持股凭证并借以使股东取得股息和红利的一种有价证券。人们通过投资某种股票从中获得收益。但是它不是像大家想的那样"只要炒就能赚钱"，股票投资是一种没有期限的长期投资，而且有很大的风险。如果没有掌握很好的知识，贸然进入，那失败的概率会很大。如果小朋友的爸爸妈妈比较精通这方面的知识，你就可以拿自己的压岁钱偶尔尝试一下，这样做的目的不是为了赚钱，而是要通过这种经历认识理财。但千万不能因此影响学习哦！

投资二：买保险

什么是保险呢？保险是以缴纳保险费建立起来的保险基金，对保险合同规定范围内的灾害事故所造成的损失，进行经济补偿或给付的一种经济形式。通常，购买保险是一种预防措施，主要是为了避免在个人意外发生的时候蒙

提 高 投 资 意 识

受难以承受的损失。进行保险投资是对自己生活的一种提前保障,就像知道要下雨,为了避免被淋湿,我们提前带雨伞一样。保险可以说就是我们提前投资为自己买的一把"雨伞",小朋友们明白了吗?

投资三:储蓄

储蓄,我们在前几章中已经具体地讲过,这里不再多说。它的主要优点是回收期短、安全可靠。虽然利息较低,但对于小学生朋友来说,这是一种比较合适的投资方式。

投资四:收藏

收藏也是一种投资方式,古董、字画等都是收益挺大的收藏品,不过这需要非常丰富和非常专业的知识。一般个人,尤其是小朋友,不建议进行这项投资。最常见的收藏当属邮票收藏,小朋友可以业余尝试一下。把收藏当做一种爱好,还可以很好地陶冶情操、了解很多丰富的知识呢。

FQ 加油站

魔球里的钻石

5个魔球里分别装有红、绿、黄、黑、蓝5种颜色的钻石。博士让A、B、C、D、E 5个人猜魔球里钻石的颜色,猜中了就把里面的钻石奖给他。

A 说:第二个魔球是蓝色,第三个魔球是黑色。

B 说:第二个魔球是绿色,第四个魔球是红色。

C 说:第一个魔球是红色,第五个魔球是黄色。

D 说:第三个魔球是绿色,第四个魔球是黄色。

E 说:第二个魔球是黑色,第五个魔球是蓝色。

答案揭晓后,5 个人都猜对了一个,且每人猜对的颜色都不同。

请问:每个魔球里分别装了什么颜色的钻石?

答 案

　　第一个魔球里是红色的,第二个魔球里是绿色的,第三个魔球里是黑色的,第四个魔球里是黄色的,第五个魔球里是蓝色的。

4 你可以尝试的赚钱方法

大家看电影、电视的时候,会注意到国外的小朋友总是能找到很多方法赚取零用钱:他们可以送报纸、送牛奶,为邻居清理花园、打理草坪等。但是,在我们国家,送报纸有年龄限制,邻居也没有那么大的花园来请人打理,这可怎么办呢?

不要着急。小朋友要记住:只要努力,方法总会比问题多。只要根据具体情况来想办法,肯定会找到适合自己的方法。下面介绍一些适合小学生来尝试的赚钱方法,你也可以把你已经尝试成功的方法补充在后面,总之是多多益善了。

1.帮父母做家务

爸爸妈妈总希望小朋友能够早日独立、自强,所以一般都会很欢迎小朋友做家务。你可以做的工作有很多,如洗碗、打扫卫生、洗衣服等。你可以向爸爸妈妈要求一些合理的报酬。但是,一定要注意:不能提很过分的要求,比如做什么都想要

钱,帮爸妈倒杯水也要钱等。一旦这样做了,就失去了通过劳动学习理财的意义。父母支付一定的报酬是出于对你的奖励,但不是必须的。你做一些力所能及的事情也是应当的,因为这培养你自己的自立习惯。所以,一定要分清这两者的关系。

2.回收饮料瓶等可循环利用物品

利用空闲时间去收集用完的饮料瓶、饮料罐,积攒到一定数量时拿去卖掉。这样,你既维护了周边的环境卫生,又能通过这种回收的活动获得一定的收益。

3.卖旧书报、旧杂志等

很多家庭都会长期订阅一些报纸、杂志,看过的报纸、杂志不要随便扔掉,积攒下来,卖给收废品的人,也有一定的收益,而且这样做也提高了它们的利用率,因为回收的报纸、杂志会重新化成纸浆做成新的纸呢,这样做是一举两得。另外,自己不需要的书籍可以用别的方式处理掉。如果数量多的话,可以卖出去,只要价格合适,是会有人愿意购买的。这项工作稍有难度,开始时可以请求父母协助。

4.照顾宠物

很多家庭都有宠物,如小猫、小狗等。你可以请爸爸妈妈把照顾宠物的事情交给自己,根据自己的时间和能力来做一些具体的事情,比如定时遛狗,给宠物喂食、洗澡等。

5.发宣传单等

很多企业都会参加展销会,展销会上需要有专人派发各种宣传单。如果你已经 10 岁或者更大一些,可以尝试在展销会中找一些发传单这样的工作来做。你可以找一些专门销售儿童用品的企业来试一试。还有,初次去展销会时最好有大人陪伴,以应对突发的状况。

6.利用假期卖当天报纸

利用寒暑假,请爸爸妈妈帮助自己联系,来尝试卖报纸。由于报纸都是当天的,所以要学着选地点,要了解卖日

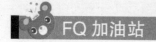

报、晚报的时间等,还要注意面对顾客时的表情和态度。这项工作很辛苦,获取的利润也不多,不过它确实很能锻炼人。

7.发表文章

喜欢写作的小朋友可以将自己写的作品向报纸、杂志等投稿,如果被采用了,会收到一定的稿费。现在报纸、杂志的种类很多,投稿对象很广泛,同时也可以锻炼大家的写作能力。不过,千万不要想利用这样的途径发大财,因为稿费本身是不会很多的。况且通过这种方式得到的更重要的是精神上的收获,物质上的收获还是次要的。

总之,只要相信自己能做到,那你就一定能做到,加油吧!

FQ 加油站

如何称体重

　　皮皮、琪琪和皮皮的弟弟3人将家里的一些废品,如废报纸、塑料瓶和一些酒瓶用编织袋装着到废品站里去卖。卖完后,见废品站里有一个磅秤,3人都想称一称自己的体重,可废品站的叔叔说,这台磅秤最少要称50公斤,他们3人都只有25到30公斤,不能称他们的体重。真的不能称吗?皮皮他们3人很失望,正准备离开时,一位阿姨说,他们可以用磅秤称出各自的体重。真的可以! 一直在想办法的皮皮突然也想到了,只需称3次就可得出各自的体重。称完后,废品站的叔叔阿姨都夸皮皮聪明。皮皮他们3人别提多高兴了! 你知道皮皮是怎样称的吗?

 答　案

　　先称皮皮、琪琪和皮皮的弟弟3人的总重量,然后称皮皮和弟弟2人的重量,最后称皮皮和琪琪的重量。这样就很快算出3人各自的体重了。

5 购买保险——为未来储蓄

为未来储蓄，就是为未来投资。值得一试的方法是为自己和家人购买保险。如果小朋友手头有一定数量的存款，或者过年时得到的压岁钱数目比较可观，就可以考虑请爸爸妈妈帮忙购买保险。

关于什么是保险，本章"常见的投资方式"中已经简单讲过，就不多说了。买保险时，首先要选择一家保险公司，可请爸爸妈妈根据保险公司是否有前景，是否有信誉、有保证等方面来帮助自己选择。

其次，要了解该保险公司有哪些适合小学生的保险种类。通常你可以选择儿童意外伤害险，如果因为游戏、活动、车祸造成意外伤害，那么这种保险可以给你一定的经济补偿，保费通常是一年几百元。还有儿童健康医疗险，这种保险可以为你分担一定的医疗费用，要缴纳的保险费用也不高，而且重大疾病险是投保年龄越小保费越便宜。另外，你还可以选择儿童教育储蓄险，这种保险主要是为你以后上学或者出国留学等储蓄资金，可以帮助你解决不少学费问题呢。

上面提到的这三种保险每年的保费都不是很贵，如果小朋友能够好好管理自己的财产、合理计划，那么投资保险无疑是会受益很大的。虽然短时间内看不到多少收益，不过从长期来看，这种为未来储蓄的投资是使回报远远大于投入的一种好方法。

FQ 加油站

圣诞舞会

今年的圣诞舞会一共有 19 个人参加。中间休息的时候，罗文先生看到丽莎一个人站在角落里喝酒。参加舞会的人的具体情况如下：

① 有 7 人是单独一人来的，其余的都是和伴侣一起来的。和伴侣一起来的，或是已订婚，或是已结婚。

② 凡单独前来的女士都没有订婚。

③ 凡单独前来的男士都不处于订婚阶段。

④ 参加舞会的男士中，处于订婚阶段的人数等于已经结婚的人数。

⑤ 单独前来的已婚男士的人数和单独前来的尚未订婚的男士的人数相等。

⑥ 在参加舞会的已经结婚、处于订婚阶段和尚未订婚这三种类型的女士中，丽莎属于人数最多的那种类型。

还没有订婚的罗文先生想知道丽莎属于哪一类型的女士，看他是否还有机会。你知道吗？

答案：见第 124 页

 答　案

第 124 页答案

他没有吹牛。因为他游的是死海，死海中的水所含的盐分很高，几乎是一般海水的 7 倍，所以浮力很大，人在水中根本就不会下沉。死海比海平面低 390 米，所以只要下潜一点点，就到了海平面以下 390 多米了。

6 小学生简单投资指南

关于投资,小朋友还需要了解一些简单的投资知识。比如下面这些:

投资者的分类:

有五类投资者类型:

第一类是借钱投资人。他们大多不会管理自己的财务,没有积蓄,如果要投资,只能是向别人借钱。

第二类是储蓄投资人。他们比较节约,省下来的钱会存进银行,以获得利息。

第三类是知识投资人。他们学习投资知识,然后通过思考、分析来决定投资方向,比如炒股、买保险、储蓄等。

第四类是智慧投资人。他们积极参与自己的投资决策,非常清楚地知道自己的长期计划是什么,并会努力通过该计划来实现他们的理财目标。

第五类是富翁投资人。他们属于高财商的人群,已经依靠自己的努力和智慧获得了财富,但是依然在坚持合理地理财,通过更多的投资来获取更多财富。

小朋友一定要努力学习,避免成为第一类人,兼做第二、三类人,向第四、五类人努力。

投资的风险:

投资总是有风险的,所以不要认为只要努力避免了,风险就会消失。小朋友现在的主

要任务是学习,在学习理财知识的同时可以对投资做一些了解,对于相对简单的投资可以初步尝试,但是千万不要错误地认为:只要年纪再大一些,钱再多一些,时间再长一些,就肯定不会有失败的风险。

任何投资都是有风险的,如果愚蠢地认为只要常年坚持买彩票,就会中特等奖,那你只会不断地失去机会,而不会得到财富。因为,这时的你已经成为一个失败的投机者,而不是一个成功的投资者。记住:投资需要的是智慧和心态。

小学生投资建议

建议小朋友在尝试了解和实践投资时,选择"零风险"投资。这种投资主要是指依靠自己的智慧和劳动来合理理财,比如通过打扫卫生、发送报纸这样的劳动方式获取收益,还可以尝试搞些小发明等来尝试智慧型投资。

不管做什么,一定要勤恳、踏实、认真、负责,虽然是"零风险"投资,在物质上不会有什么损失,但是如果在诚信品质上出现问题,也会造成很大影响。如果别人都无法信赖你的工作态度和为人,那以后即使有再好的投资,谁还会愿意和你合作呢?

孤独的小女孩儿

　　唐唐是一个非常可爱的女孩子,这个星期从周一到周四爸爸妈妈都出差了,剩下她一个人在家。幸好妈妈准备了足够的面包给她当做干粮。唐唐在周一到周四要吃4天面包,品种有椰蓉面包和豆沙面包。她每天吃的椰蓉面包的数量各不相同,在1~4个之间,而吃的豆沙面包的数量每天也不一样,在1~5个之间。

　　根据以下条件,猜猜唐唐每天吃了哪一种面包,分别吃了多少个?

　　①一天中吃掉的面包总数随着日期的增加而每天增加一个。

　　②星期一吃了3个椰蓉面包;星期二吃了一个椰蓉面包;星期四吃了5个豆沙包。

　　③四天中吃的每种面包的各自的数量也都不一样。

答案

　　唐唐周一吃了3个椰蓉面包,1个豆沙面包;周二吃了1个椰蓉面包,4个豆沙面包;周三吃了4个椰蓉面包,2个豆沙面包;周四吃了2个椰蓉面包,5个豆沙面包。

7 美国小朋友如何理财投资

　　只有中国的小朋友需要学习理财吗？世界各地有那么多小朋友,他们是怎么学习理财的呢？他们从多大年龄开始学习管理零用钱呢？……相信小朋友有不少类似的疑问。那么,现在就向大家介绍一下美国小朋友的理财生活,希望小朋友可以从中学习到一点有用的知识。

　　美国的小朋友很小就接触和金钱有关的知识,这是因为他们的爸爸妈妈认为他们有必要学习,所以会经常教他们一些生活常识。

　　通常,美国的孩子3岁时能辨认硬币和纸币,4岁时知道每枚硬币是多少美分,5岁时知道硬币的等价物,知道钱是怎么来的。到6岁的时候可以找数目不大的钱,数大量的硬币。7岁时会看价格标签。8岁就知道可以通过做额外工作赚钱,知道把钱存在自己的储蓄账户里。到了9岁,能够根据自己的经济状况制订出简单的一周开销计划,而且在购物时知道比较价格,选择性购买。10岁时懂得每周节约一点钱,留着等有大笔开销时使用。11岁时知道从电视广告中发现理财事实。再大一点,到了12岁,可以为自己制订并执行两周开销计划,懂得正确使用银行业务中的术语。从13岁到高中毕业,会进行股票、债券等投资活动的尝试,以及商务、打工等赚钱实践。

　　因此,很多美国小朋友从小就知道怎么赚取、支配零用钱,他们自信、独立,知道只有付出劳动才会有所收获,有很好的理财能力。

　　威廉斯是一个正在读七年级、刚11岁

的小男孩,虽然他年纪不大,却已经有 6 年的投资经历了呢。目前,威廉斯的投资业绩很出色,共拥有 30 多家公司的股票,投资总额为 1.8 万美元,已经获利 4000 美元。谈到未来的理财计划,威廉斯说:"我希望自己支付上大学的学费,投资房地产,还要看着我的孩子们从大学毕业。"

小朋友,读了上面的内容后,不知你有什么新的发现和感受。不过,有两点说明,希望可以给你信心和帮助,那就是:

第一,从少年时就开始学习理财的孩子长大后更会管理金钱,更知道如何获取财富。

第二,不论你在哪个国家、多大年龄、家里富裕与否,只要你努力学习、认真做事,一定也会成为一个成功的人。

FQ 加油站

一封来自国外的信

有一天汤姆收到一封来自国外的信,信的内容是这样的:"今天是我来到以色列的第 5 天,我去了它和约旦接壤的国界附近,在那里的湖中痛快地游了一次泳。以前,你们一直嘲笑我是一个旱鸭子,可这一次我的表现实在是太棒了!我发现游泳真的是一种享受。我既能够游自由泳,也

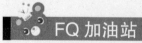

FQ加油站

能够游仰泳。当我伸展四肢浮在水面上仰望蓝天、白云时，我简直像进了天堂。我甚至还吸了一口气潜入水下。事后我才知道我的下潜深度已经达到海平面下390米，而我竟然没有使用任何潜水工具。说了这么多，你一定认为我是在撒谎，但我说的是千真万确的，只不过游泳之后皮肤感到很粗糙……"

看了上面这封信，汤姆一直觉得他的朋友是在吹牛。那么他是在吹牛吗？可信度到底有多少？

答案：见第118页

第118页答案

根据题目信息得知：有6对伴侣。

如果X是已婚女士的人数，那么6-X等于处于订婚阶段的女士的人数，还等于处于订婚阶段的男士的人数，还等于已婚男士的人数。

如果Y是单独前来的已婚男士的人数，那么和夫人一起来的男士的人数加上单独来的已结婚的男士的人数，等于已婚男士的总人数：X+Y=6-X。于是，单独前来的已婚男士的人数等于6-2X。

舞会上没有订婚的女士的人数则等于：7-(6-2X)-(6-2X)，即4X-5。

由于4X-5等于还没有订婚的女士人数，所以X不能等于0，或者1。而罗文先生是还没有订婚的男士，于是X不能大于2，否则还没有订婚的男士的人数6-2X将成为0甚至是负数。所以X必定等于2。

因此，这次舞会上有2位已婚的女士、4位处于订婚阶段的女士和3位还没有订婚的女士。而丽莎是一位已经订婚还没有结婚的女士，看来罗文先生的机会不是太大了。

避免投资的误区

小勇的同学大雄知道很多关于投资的知识,什么炒股了、炒基金了,好像自己什么都懂。这也不奇怪,大雄的爸爸妈妈都是做生意的,而且也炒股,平常在家里总是动不动就和大雄讲一些"聪明人要利用钱生钱,要抓紧机会赚钱,不懂得投资是傻瓜"的大道理。所以,大雄没事就喜欢琢磨怎么"抓紧机会增加自己的零用钱"。

不久,他就找到了一个自认为很好的方法:替别人写作业。大雄的价目表是这么定的:替写一份语文作业,5 元;替写一份数学作业,10 元(注:数学较难);如果是英语,15 元(注:英语更难,还要查字典)。班里一些有钱又想偷懒的同学觉得花点钱就能解决自己的作业难题,挺合适的,所以就都来找大雄帮忙。

不久,老师发现了这个秘密,批评大雄。他却说:"我是在利用智慧投资啊,而且这样还帮助了同学,又没有犯法,有什么不对呢?"

小朋友,你说大雄这样做对不对呢?看上去大雄似乎是在利用自己的"智慧投资"赚钱,但是其实大雄误解了投资的含义,已经扭曲了自己的价值观和是非观。大雄这种利用写作业赚钱的方式,不是投资,而是一种投机取巧。他也不是在帮助同学,而是在害了同学的同时也害了自己。因为老师布置作业的目的是为了巩固大家在课堂上学到的知识,大雄替同学写作业,就使他们放弃了这样一个练习和巩固的机会,对他们以后的学习有很不好的影响。同时,大雄也掉进了钱眼里,使自己变得唯利是图,对金钱没有了抵制力,以后走入社会,遇到更大的诱惑时,难免会因为利益的驱使而去尝试,这样一来还可能会毁掉自己的生命。

所以,小朋友从一开始投资就要明白:投资不等于投机,投资是正当、合理、合法的一种方式,投机是只为个人利益而进行的不正当的投资活动。

投资需要的不仅是一个人的智慧、技巧,更需要一个人有正确的价值观,有正直的心,有是非观念,有能够自我克制的品德和习惯。因为它不仅会回报给你高收益,同时也会回报给你一些阴暗的东西,可能诱导你走入误区、毁掉自己。如果不能认识到金钱是工具、生活是目的,那这个人即使成为大富翁,最终也会迷失掉自己,成为一个失败的人。

因此,小朋友一定要注意避免投资的误区——唯利是图。

FQ 加油站

粗心的汤姆先生

粗心的汤姆先生把 5000 元现金落在了客厅的桌上。等他想起来时,钱已经不见了。家里只有他的两个孩子:杰米和雷米。

杰米说:"是的,我看见了。我把它放在了你房间的书桌上,用一本黄皮书压着。"

雷米说:"是的,我也看见了。我把它夹在了黄皮书的第 113 页和 114 页之间。"

汤姆听完他们两个人的说辞立刻就明白谁撒了谎。你知道吗?

雷米撒了谎。因为第 113 页和第 114 页是一页。

第**6**章
提高省钱效率

1 节俭是省钱的好方法

　　小勇最近越来越不愿意和小孟一起玩了，他觉得小孟对朋友表现得很小气。比如，小孟过生日时，他精挑细选了一个价值二百多元的礼品送给小孟。可是自己过生日的时候，小孟送给自己的却是一个手工制作的书架，而且丑丑的，一点儿也不时尚；过圣诞节也是这样，他用零用钱请小孟去吃肯德基，可是元旦那一天小孟却请自己在家里吃了一顿他妈妈做的饭，虽然挺丰盛，而且都是自己爱吃的，可是小勇觉得这是小孟不愿意为朋友花钱的表现。诸如此类的事还有很多，所以小勇对小孟是越看越不顺眼，越来越不愿意和小孟在一起了。

　　妈妈知道这件事后批评小勇："你这是虚荣的表现。小孟送给你的他亲手制作的书架，凝结了他对你的真挚的友情；请你吃自己妈妈做的饭，满桌子都是你爱吃的菜，这也只有对你有真正的了解和真诚的关心才能做得到。你不仅没有体会人家对你真挚的情谊，却反过来嘲笑人家小气，这样做太不对了。而且小孟这样节俭是一个非常好的习惯，你想一想自己哪个月不是还没过到一半，零用钱就花没了。买参考书都需要爸爸、妈妈来为你买，而小孟却是用自己省下来的零用钱买，上次不是还送过你一套全新的习题集吗？"

　　听了妈妈的话，小

勇真的觉得很惭愧。

小朋友,你知道吗? 节俭是一个非常好的习惯,而且永远也不会过时。尤其是当你们现在还没有能力赚钱,用的是爸爸、妈妈辛苦赚来的钱的时候,更应该学会节俭。通过节俭你可以省下很多零用钱,就能像小孟一样为自己买需要的书和其他东西了。你可以这么做:

1.吃饭以吃饱、吃好、吃得健康为标准。

避免经常花钱去吃快餐或者为了在同学面前表现而去吃一些华而不实、对健康无益又昂贵的食品,尤其是一些花哨的零食。省下来的这些钱可以花费在更值得做的事情上。

2.对文具、玩具等不要喜新厌旧,不要为了追求时尚而总换最新、最好的。

只要你认真学习,用旧的文具一样可以考出好的成绩,不一定用新的才能帮助你集中精神。相反,文具太花哨反而会影响你的注意力。

3.穿着适合自己就可以了,不要一味追求时尚、名牌或者另类,总花钱买新衣服。

不是时尚的衣服穿在身上就好看,真正会穿着的人都懂得一个道理:无论贵还是便宜、新还是旧,只有适合自己的才是真正好的,是应该追求的。而且现在的衣服稍微流行一点的都不会很便宜,花在这上面的钱是一笔很大的开销。

4.注意在生活细节上节俭。

比如作业本用完了,不要马上扔掉,背面空白的纸可以用做草稿纸,演算习题等。在学校饮水,可以自己带一个密封良好的水杯从家里带水喝,不要总是花钱买一瓶一瓶的矿泉水。其实,长期饮用家里喝的开水比喝瓶装或者桶装的矿泉水、纯净水更健康、卫生。而且这样一来,你也可以省下一笔不小的开支。

制订我的预算

拿到零用钱后不要随随便便一下子就用掉。要养成有效管理零用钱的习惯,你要先为自己制订一个预算,可以按照下面提供的步骤去做:

步骤	具体内容
考虑必需的和想要的	分清目前有哪些东西是必须要的,哪些东西只是自己想要的
确定目标	确定具体目标,包括花费时间、大概金额、方法等
制订预算	调查实现目标实际需要的费用,然后具体计划收入和支出
总结	检查计划实行的效果,然后根据当月盈余和下月所得,再做计划

FQ 加油站

谁是贫困生

Jane、Kate、Lily 是同一所大学的学生,她们中有两位非常聪慧,有两位非常有气质,有两位是才女,有两位家境富裕。每个人至多只有三个令人注目的特点:

——对于 Jane 来说,如果她非常聪慧,那么她家境富裕。

——对于 Kate 和 Lily 来说,如果她们非常有气质,那么她们也是

才女。

——对于 Jane 和 Lily 来说，如果她们是家境富裕的，那么她们也是才女。

学校需要找出一名贫困生给予助学金，你知道她们三人中谁是贫困生吗？

 案

Lily 并非家境富裕，她是贫困生。

2 每天节省 2 元钱

有一个很富有的商人,他拥有亿万资产。可是他每次去商场购物的时候,都会耐心地搜集商场的优惠券,以便下次购物时再用。而且,这个商人还有一个习惯,那就是每天都要节省 2 元钱。如果外出活动,无论是购物还是吃饭,都会仔细算一下,然后把能省的钱省下来,每天最少要省 2 元钱。如果当天没有活动,只是待在家里,他就会往储蓄罐里放入 2 元钱,作为当天的节省。

每天节省 2 元钱,能省下多少钱呢?这位商人为好奇的人们算了一笔账:每天省 2 元,如果一直坚持下去,一生中他大概可以省下 5 万元。他可以利用这 5 万元去投资,如果获得收益,那他过四五年至少可以得到 10 万元。

小朋友,你看,即使每天只节省 2 元钱,你也会获得一笔不小的积蓄。商人懂得并真正做到了每个理财高手都会做的事情:省钱。你大概听过不少国外的百万、亿万富翁的故事, 故事里的他们总是过着和普通人想象中的奢华享受完全不一样的节俭生活。有的富翁出门坐公交车,有的富翁吃饭吃的很便宜,住的也是普通的小房子,还有一些富翁甚至从小就让他们的孩子外出做力所能及的事情,赚取零用钱。这和一般人想象中富翁过着锦衣玉食、皇帝一样的生活的图景实在是大相径庭。不过,尽管每个故事里的富翁都有不一样的"吝啬方法",但有一点他们是相同的, 即他们都相信节俭也是积累财富的一种有效方法,并且在生活中一丝不苟地去执行。

他们的真实经历告诉了大家一个道理:省钱也是赚钱。只要用对了方法,你不仅可以省下钱,而且还丝毫不会影响你好好享受生活。你可以像上面说的那位富翁一样,也在有空时注意搜集一下优惠券,购买打折的商品;从现在开始也每天为自己制订一个节省计划,比如每天都固定往自己的储蓄罐里放 5 元钱,不久你就可以看到成效;买东西时,只选对的,不选贵的等等。

相信这些轻而易举就能做到的好方法,小朋友一定乐于尝试。那么还等什么呢? 赶快行动,从现在做起吧。

省钱不能走极端

省钱是合理理财的一个重要方面,但我们也不能为了省钱走极端,比如故意穿破衣服、吃没有营养的食物等。省钱其实大可不必降低自身的生活标准,去过那种很拮据的生活。只要你能合理理财,节省金钱和享受生活是不矛盾的。

FQ 加油站

近视眼购物

李明因为长期躺在床上看书,日子一久就变成一拿掉眼镜,几乎看不见东西的高度近视眼。虽然平时他戴有框眼镜的次数多于戴隐形眼镜的次数,但只有购买某件物品的时候,他觉得还是戴隐形眼镜比较适合。

请问:李明购买的是什么物品呢?

答 案

眼镜框。因为李明是高度近视,一拿掉眼镜几乎看不见东西,如果不戴隐形眼镜,就不能确定购买的镜框是否美观、合适。

3　拿零食开刀

　　五颜六色的彩虹糖,麻辣味道的奇趣饼干,鲜酥可口的大薯片,让人垂涎欲滴的超级汉堡、薯条……每天都有层出不穷的零食出现在小朋友的眼前,怎么可能会不动心,不想去尝一尝呢?而且吃完了还可以和同学朋友交流一番心得,不吃的话到时岂不是会没有话题?

　　于是,每天一下课就直奔学校附近的小商店,开始流连忘返。老板推荐什么,都忍不住买来吃吃。零用钱就这样被那些炫目的"零食"给"吃"少了,"吃"没了。

　　不仅如此,健康也被"吃"出了不少问题:不是长得太胖,就是长得太瘦;身体不好,经常感冒,经常胃疼,比熬夜上班的大人还要痛苦。

　　小朋友,你看出来了吧,上面这些问题可都是吃零食惹出来的祸啊。很多小朋友在爸爸、妈妈的娇惯下,不正经吃饭,而是喜欢吃各式各样的零食。因为爱吃零食,于是就自然有了偏食、挑食等习惯,结果时间一长,因为营养摄入不均衡,而导致身体健康每况愈下,成了一个"娇气"的孩子,动不动就生病。

　　鉴于此,小朋友有必要培养一个良好的不吃零食的习惯。你可以这么做:

　　1.一定要少吃零食,最好不吃。如果一天能把吃零食的钱省下来,按每天 5 元钱计算,一年的时间你就可以省下将近 2000 元钱。

2.为自己做一个规定：每天固定地把准备用于买零食的钱存起来，放到储蓄罐里。这一条适用于那些克制不住自己吃零食习惯的小朋友。

3.请爸妈帮助自己，让他们"一定"限制自己的零用钱数量。买必需品的钱由自己支配，通常会花到零食上的钱由父母帮忙存入自己的银行账户里。

除了以上的方法，小朋友还可以根据自己的情况"开发"新方法，只要能起到帮自己节制零食的作用就行。此外，一定要有决心、耐心和恒心坚持下去，不然你永远也不会成为一个善于理财的人哦。

吃零食的危害

一、常吃零食容易营养失衡，使人发胖，并直接影响大脑的反应力。

二、零食吃得多，会影响血液流通，从而影响大脑的供氧，影响它机能的发挥，影响学习。

三、常吃零食，还会使人失去忍耐空腹的习惯。他们只要稍微有一点"肚子饿了"的想法，马上就会条件反射地非要吃点什么不可。而在课堂上、考场中等没有东西可吃或者条件不允许吃的场合，就会感到全身不自在，注意力分散，使记忆力、理解力下降，影响学习。

共有多少只蜜蜂

　　一只蜜蜂外出采蜜，发现一处蜜源，它立刻回巢招来 10 个同伴，可还是弄不完。于是每只蜜蜂回去各找来 10 只蜜蜂，大家再采，还是剩下很多。于是蜜蜂们又回去叫同伴，每只蜜蜂又叫来 10 个同伴，但仍然采不完。蜜蜂们再回去，每只蜜蜂又叫来 10 个同伴。这一次，终于把这一片蜜源采完了。

　　你知道采这块蜜源的蜜蜂一共有多少只吗？

答案

　　一共有 14641 只蜜蜂。

　　第一次搬兵：$1+10=11$（只）

　　第二次搬兵：$11+11 \times 10=11 \times 11=121$（只）

　　第三次搬兵：……

　　一共搬了四次兵，于是蜜蜂总数为：$11 \times 11 \times 11 \times 11=14641$（只）

4 花最少的钱去逛街

只要一放假,小美就爱和同学一起去逛街。试试五颜六色的新款服装,买买丰富多彩的饰品文具,吃吃花样百出的小吃,小美觉得挺享受。可是回家一盘点自己的"小金库",看着空空如也的钱包,她就郁闷得不得了:"老师指定的参考书还没买呢。"

小美的零用钱都花费在了逛街购物上,这样的消费就是不合理的消费。如果小美懂得如何花最少的钱去逛街,那她的参考书也不会没钱买了。那么,有哪些方法可以帮助我们节省逛街的花费呢?这里为你提供一些比较会理财的小朋友总结出来的经验,供你学习一下:

方法一:逛街少带钱或者不带钱

小朋友,你们知道吗? 逛街的时候,商场的宣传海报、打折消息、音乐氛围,会

强烈刺激人的购买欲望,使你对原本不用买的东西也一心向往,如果这个时候你钱包里有足够多的钱供你使用,你就会不管三七二十一购买下来。

但是,如果你带的钱不够,或者根本没带钱,你就会因为这种"金钱上的窘迫"而及时停止"疯狂购物"的冲动行为,从而省下不少的钱。所以,你大可不必带很多的钱在身上,只要带够买你需要

的东西的钱就可以了。

方法二:逛街不在外面吃饭

很多人都有这样的习惯想法:逛街时一定要在外面吃顿好的才算是一次完整的逛街之旅。但是,这样想法的后果就是令你的金钱流失。而且外面的食物卫生情况不容乐观,容易伤害到你的健康。所以,小朋友下次逛街时最好还是避免在外面吃饭。

方法三:逛街计划好结束时间,并严格执行

逛街前确定一个结束的时间是非常必要的,无目的地延长逛街时间会多花钱去买东西。并且一定要严格执行计划,因为你现在要从省钱上学会理财,如果你连自己定的计划都不能严格遵守,那你就更不会严格遵守理财必须遵守的原则和规定了,而这正是拥有高财商的基础。

汉堡真的很大吗

汉堡看上去很大其实只是一个假象。这是因为做汉堡用的面包和夹在里面的肉饼相比,里面的肉饼要比面包大。这样的设计就会让人看到夹在两片面包之间的肉饼,还有蔬菜、酱汁多得都溢到了面包外边,再加上一些"超级""巨""超大"等词汇,消费者看到了自然就会觉得汉堡很大了。

长期吃汉堡这样的快餐对健康并无益处,所以小朋友为了自己的钱包,也为了自己的健康,还是要少吃哦。

FQ 加油站

服装促销

　　某百货商城新进了一批最新款式的服装,很受欢迎,销量与日看涨。于是,该商城的总经理决定提价 10%。不久之后,服装开始滞销,他们又打出了降价 10% 的广告。有人说百货商城实际上瞎折腾,不过是回到原价位;有人说百货商城不会干赔钱的事,也有人说商城自作聪明,实际赔了钱。你说呢?

答　案

　　百货商城实际比原价卖赔了钱。因为如果原价为 100%,商城降价是按涨价后的 110% 降的价,降价后的价格为 110%×0.9=99%。

5 买书省钱的方法

　　小学生朋友总是需要买不少的书:参考书、习题集、童话、小说等等。总之,买书的需求总是很旺盛。但是,买书有什么可以省钱的方法呢?书的定价都写得一清二楚,即使打折,也不会很便宜。总不能为了省钱,就一本书也不买吧?

　　现在,FQ博士就为你提供几个简单有效的方法,你可以试着来做一做:

1.参考书、习题集

　　选购这样的书时不要贪求数量,一味追求多,而是要注重质量,有针对性地购买。买参考书之前最好先找一下相关资料、书评,然后再请教一下老师的意见。因为老师在课程、考试重难点设置方面很专业,对于书的评判会比小朋友的判断要更客观准确,同时,也可以根据你学习上的弱点给出比较具体的意见。

　　这样,你只要花一到两本书的价钱就能起到很好的辅助作用。这自然要比盲目地购买一大堆书,但是总也做不完、做不会的效果要好。无形中,自然就把买参考书的昂贵费用降下来了。

2.平时读的课外书

　　课外书比如文学类的书籍可以从网上书店选购。现在有很多网络书店都有非常大的藏书量。这些书在网上订购一般都会打折,大多是 7~8 折,有的可能只有 3 折、2 折,同时都配有送货上门服务。

　　因此,我们在网上买书,可以比平时

便宜很多,又节省了很多时间和路费,算起来是比较划算的。

3.到图书馆借书

并不是所有的书都适合买回家里,比如:有些书是大部头,小朋友查资料时可能会用到,但暂时没有必要买回家里。还有一些书,可能非常专业或者年代久远,在外面买不到等,这时,去图书馆借书是最好的选择了。

 买书小指南

这里给大家推荐几个最常见的网络书店网址:

卓越网络书店:www.joyo.com

当当网络书店:www.dangdang.com

孔夫子旧书网:www.kongfz.com

孔夫子旧书网专门从事二手书交易。如果想买一些旧书,又找不到卖这种书的地方,可以来这里看看。

FQ 加油站

嗜酒如命的人的礼品

有 5 个嗜酒如命的人,他们的绰号分别是"威士忌""鸡尾酒""茅台""伏特加"和"白兰地"。某年圣诞节,他们之中的每一个人,都向其他 4 个人中的某一个人赠送一瓶酒;没有两个人赠送的是相同的礼品;每一件礼品都是他们中某个人的绰号所表示的酒;没有人赠送或收到的礼品是他自己的绰号所表示的酒。"茅台"先生送给"白兰地"先生的是鸡尾酒;收到白兰地酒的先生把威士忌酒送给了"茅台"先生;其绰号和"鸡尾酒"先生

所送的礼品名称相同的先生把自己的礼品送给了"威士忌"先生。

请问："鸡尾酒"先生所收到的礼品是谁送的?

答 案

　　"鸡尾酒"先生所收到的礼品是"威士忌"先生送的。"茅台"先生送给"白兰地"先生鸡尾酒;"白兰地"先生送给"威士忌"先生伏特加;"威士忌"先生送给"鸡尾酒"先生茅台酒;"鸡尾酒"先生送给"伏特加"先生白兰地;"伏特加"先生送给"茅台"先生威士忌酒。

提 高 省 钱 效 率

6 小学生如何买书

到了书店,琳琅满目的都是书,各式各样的宣传,专家推荐,国外畅销……这么多的名号下到底哪些书值得买,哪些书不值得买呢? 下面介绍一下买书时要知道的基本准则,也许可以帮助你解决问题:

1.拿起一本你感兴趣的书后,先看它的前言和推荐序

前言和推荐序是最容易被小朋友忽略的地方, 但却是一本书不可缺少的内容。好的前言和推荐序会把该书的主题、阅读方法、阅读建议和一些值得参考的阅读感受写在里面。通过读前言和推荐序,你可以立刻对一本陌生的书籍有一个大概的了解,迅速熟悉书的内容。可以说,前言和推荐序起到了很好的导读作用。

2.浏览一下目录

看一下目录内的分类、题目设置,找一找是否包含了大多数你需要的内容,如果很少,或者只有一两条,你可以直接翻到相关页试读,不需要的内容就放弃不读。这样可以节省很多时间。

3.试读

如果目录很合你的心意,你可以开始试读,挑选一个你感兴趣或者你觉得重要的章节仔细阅读一下。在阅读过程中注意观察体会:

内容讲得是否充分深刻。内容低俗、有错误的可以放弃。

有多少文字、常识性错误。每本书都可能会有这方面的瑕疵,出现少量的错误是允许的。但是如果发现错误较多,也可以放弃。否则,即使买回去也会影响自己的阅读和学习。

语言是否流畅,自己是否能接受。如果讲得很晦涩,通过思考都无法理解,那它就不适合你。

4.定价

根据自己的经济能力购买,不要超过承受能力买一些不是很需要的书籍。

 FQ 加油站

谁是主角

怀特有两个妹妹:贝尔和卡斯;怀特的妻子费伊•布莱克有两个弟弟:迪安和埃兹拉。他们6人中有一位担任了一部电影的主角,其余5人中有一位是该片的导演。

怀特家

亚历克斯:舞蹈家

贝尔:舞蹈家

卡斯:歌唱家

① 如果主角和导演是亲属,则导演是个歌唱家;如果不是亲属,则导演是位男士。

② 如果主角和导演职业不同,则导演姓怀特。

③ 如果主角和导演性别相同,则导演是个舞蹈家;如果性别不同,则导演姓布莱克。

请问:谁是电影主角?

 答 案

埃兹拉是电影主角。

7 改变花钱坏习惯

　　有零用钱的小朋友大概都有这样的体会:还没有到月底,手里的钱就不知不觉花完了。而且,怎么也想不起来都买了些什么。有的小朋友还私下犯嘀咕:"我最想要的还没买呢,怎么就会花完了呢?"

　　有这样问题的小朋友不在少数,那么问题究竟出在哪里呢?答案就是:你花钱的坏习惯造成了你的零用钱匆匆消失。

　　消费是一种习惯、价值观的问题。一个人对消费的认识会决定他花钱的计划性与有效性。所以小的时候如果能够养成一个好的消费习惯,长大后也会比较善于理财。那么,哪些行为算是坏习惯,又如何改正呢? 下面提供几个相关小贴士:

　　坏习惯1:有多少钱没有数,想用就用。花钱没有计划,没有想法。

　　改正方法:

　　养成记账的习惯。准备一个专门的记账本。每次拿到零用钱时,首先要记下总数目,盘点一下自己手里有多少可以支配的钱。其次,每消费一次,就在账本上逐一记录下来。这样,每次花费了多少都会一目了然,对自己还有多少零用钱也很清楚。

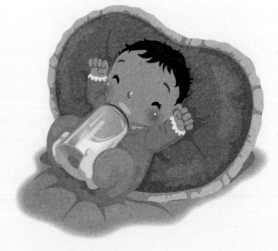

　　坏习惯 2:冲动购物,不管自己是否有需要。

　　改正方法:

　　有很多批发市场卖服装、文

具等,里面的东西品种多,价格相对其他地方也便宜。去这些地方之前,一定要提前做好购买计划。可以将需要买的东西记下来,到时按照清单购买。养成习惯后,你会发现冲动购物其实很好克服,并能节省下很多钱。

坏习惯3:爱虚荣,攀比心理强,追求时髦。

改正方法:

改变心态,放弃华而不实的虚荣,认识到拥有独立性和令人喜爱的个性才是真正的流行。以宠辱不惊的心态面对丰富多彩的生活,以快乐自信的精神迎接真正的挑战。当不小心犯下爱慕虚荣的错误后,要及时自省,督促自己改正。

坏习惯4:大手大脚花钱,以为"多花钱"就是"富有",就是"慷慨大方"。

改正方法:

纠正错误的认识,认识什么是真正的富有和慷慨。你要明白以下这些真理:真正富有和慷慨的人恰恰是懂得"花钱"和"省钱"的人;应该多读书、读好书,长知识;要会理财,要知道财富不只有金钱,懂得善良、包容与大度才是真正的慷慨。

学着"智慧地省钱"

省钱不是指像葛朗台一样把钱当做货物囤积起来,最终成为一个吝啬的守财奴。这样,只会让你成为金钱的奴隶,而不会享受到它带给你的快乐。合理花钱是为了合理地运用金钱这个工具方便我们的生活,使我们更快乐。所以,你一定要学会灵活、智慧地省钱,因为智慧的省钱才是我们锻炼财商最终要达到的目的之一。

FQ 加油站

两个乒乓球

小雪一直吵着要明明陪她一起打乒乓球。明明被吵得实在受不了了,于是想了一个妙计:"小雪,这袋子里放了两个乒乓球,一个黄色的,另一个是白色的。现在,要你伸手进去拿乒乓球。如果你拿到黄色的,我陪你玩,但如果拿到白色的,就要放弃了,而且不能再吵我!"

小雪的眼睛顿时亮了起来,但此时却瞥见转过身的明明放了两个白色乒乓球进去。那么,不论她拿到哪一个都会是白色的。

请问:小雪是不是玩不成乒乓球了?

当然不是。

小雪从袋子里拿出一个乒乓球之后,立刻藏在身后。明明肯定要求小雪把它亮出来,而此时小雪就说:"我亮不亮出来没有关系,只要看看袋子里面留下的是什么颜色的乒乓球,就知道我拿的是什么颜色的乒乓球了。"

明明当然会无话可说。

8 千万不要省早餐钱

"零用钱花没了，可是刚刚推出的新款文具我还想买呢。向爸爸妈妈要，肯定不会给。反正早餐不吃也没什么大事，昨天、今天两顿早餐就省下了 10 元钱，坚持一个星期，再加上原来的储蓄，哈哈，买一个最新款的文具不成问题。"小勇一边心不在焉地上课，一边琢磨着怎样省下钱来去买最新的文具，丝毫没有注意到老师讲了什么。就是低头时间长了，觉得头有点晕晕的，感觉有些累。

转眼两节课就过去了，到了课间操的时间，同学们都生龙活虎地往操场跑去，可是小勇下楼梯的腿却有些软弱无力，他蔫蔫地靠着墙根，不清楚今天自己到底是怎么了。

小勇的这种症状就是因为不吃早餐引起的。一日三餐中，早餐是最重要的。只有吃好早餐，才能保证你从早晨开始就有充沛的精力去迎接新的学习和生活。俗话说：早餐要吃好，午餐要吃饱，晚餐要吃少。这些道理都是老一辈的人在生活中积累下来的经验，当然也被现在的科学家和营养学家证明是正确的。

如果从早晨开始，一个人的身体就没有吸收到

足够的营养，那么这一天他都会没有精力来迎接挑战。
而乱吃、胡吃，甚至是像小勇这样不吃早餐，对小朋
友们的身体发育更会造成很大的伤害。良好的
营养摄入与健康合理的饮食习惯，对一个人
的智力发育也有着极其重要的作用。所以，小
朋友千万不要为了一时的虚荣或者购物冲动
而省下不该省的早餐钱。

　　其实，要想在早餐上节省一些，方法有很
多。比如，你可以起早一些，在家里吃早餐，这
样既卫生又有营养，肯定会比花钱买早餐要
节省。如果只能在外面吃，那你可以挑选经济实惠的营养食物，比如提前去超市选
购干净又物美价廉的面包、牛奶，第二天直接带到学校里去吃等。早餐不要吃得太
油腻，否则很容易让大脑疲劳，不能集中注意力，尤其是在早上的第一节课上很容
易打瞌睡。

　　总之，只要你想有效又合理地节省，就一定可以找到一个好方法使自己既吃
好早餐，又省下一笔数目不小的零用钱。这样一举两得的省钱方法不是比你克扣
早餐、漠视自己的健康的方法更有效有益吗？

小学生早餐吃什么

　　有条件的小朋友，每天的早餐应由肉奶蛋类、面点类、蔬菜类等三部
分组成。经济条件允许的话，在餐后可加一份瓜果以补充维生素。如果没
有条件，也不用觉得心理不平衡或者担心营养不够，只要你按时吃饭，吃
饱，不要吃过于油腻、辛辣的食物，你一样可以有一个很棒的身体。

绿色的牛奶

准备材料:一小杯牛奶,少许紫叶甘蓝汁

游戏方法:在牛奶里加一点儿紫叶甘蓝汁,过一会儿你会发现原来白色的牛奶会慢慢变成绿色。这是为什么呢?

科学回事:这是因为紫叶甘蓝汁里含有一种受酸碱影响会改变颜色的染料,当液体呈现酸性的时候,它会变成粉红色,而当液体呈现碱性的时候,它会变成绿色。牛奶是呈碱性的,所以在牛奶里面加上紫叶甘蓝汁,溶液就会变成绿色了,这样就得到了绿色牛奶。

提 高 省 钱 效 率

9 处理好不用的物品

　　每个小朋友都会积攒下一些自己喜欢或者感兴趣的物品。不过,总会有一些很少有机会再使用的东西。如果大扫除时把这些东西统统都扔掉,那就有些可惜了。如果把这些自己用不着的东西换个方式去处理,会比扔掉更好。像下面这些处理方法,你不妨试一试:

　　把不看的、没用的图书按照纸质,内容分门别类地整理出来。凡是图书内容一般、封面很旧很破、整本书比较脏的,以及数量多的报纸等,可以打成捆卖到废品回收站,这样既可以处理掉不用的书籍,又能得到一笔额外的收入。

　　把保存较好的书籍,按照类别低价处理。你可以选一个方便的地点,摆一个小小的地摊。按照书籍的质量和内容,分别以半价,或者3折、4折等这样的价格卖给有需要的人。当然,还要强调一点:这样做的目的并不是为了从中牟取巨大的利益,而是为了尽量做到废物利用,同时也通过这种小交易锻炼你的交际沟通能力。因此,小朋友,千万要避免这时可能遇到的赚钱误区:发现自己从中并没有赚到够花的钱就灰心丧气!

　　有一些穿过的旧衣服可以直接卖给专门收购旧衣服的地方,当然如果有人需要,你也可以把它捐赠出去,要知道,一个有爱心的孩子远远比一个只拥有金钱的孩子富有。

　　另外,小朋友也应该经常提醒自己:不要贪图一时的好奇和新鲜,而总是不停地去购买新物品。其实,衣服也好,文具也好,并不是新的

就一定好用，一定最棒。只要东西适合自己，它渐渐就会形成你的一种独特风格，而这种风格正好让别人可以知道你的与众不同。

总之，只要你能够多思考、发挥自己的创意、和父母多多沟通，你肯定会找到一个合适的处理闲置物品的方法，用自己的智慧和双手来为自己争取机会。

美国儿童的零用钱

美国的孩子们从很小的时候便开始接受商品经济观念的熏陶与实践，付出劳动便理所应当地获得报酬，这在美国几乎是一条连自家人也不例外的"金科玉律"。所以，美国的儿童很小就懂得如何选购、使用和处理自己需要的东西，轻易不会将还用着的很好的东西换掉。虽然他们偶尔也会因为好奇或新鲜而去购买一些很时髦的物品，但是通常他们都会使用自己打工赚来的钱，而不是伸手向爸爸妈妈要。

提 高 省 钱 效 率

舞蹈老师

　　学校来了 A、B、C、D、E 五位应聘舞蹈老师的女士。她们当中有两位年龄超过 30 岁,另外 3 位小于 30 岁。而且有两位女士曾经是老师,其他的 3 位是秘书。现在只知道 A 和 C 属于相同的年龄档,而 D 和 E 属于不同的年龄档。B 和 E 的职业相同,C 和 D 的职业不同。但是校长只想挑选一位年龄大于 30 岁的老师任舞蹈老师。你猜谁是幸运者?

　　根据已知条件可知,D 和 E 中必定有一位与 A 和 C 属于相同的年龄档,而 A 和 C 都小于 30 岁。按照校长的要求,他是不会选择 A 和 C 的。另外,从条件中得知,C 和 D 当中必定有一位与 B 和 E 的职业相同,因此,B 和 E 是秘书。所以校长必定会选择 D 女士做学校的舞蹈教师。

第7章
调整理财心态

1 金钱不是万能的

"钱可以买到好吃的食物、好看的衣服、好玩的玩具,还可以帮助我们去旅行……所以只要有钱,就什么都会有,就会很幸福。"

真的是这样吗?为什么拥有很多金钱的富翁每天都守着自己的钱担惊受怕,不如隔壁只能喝稀粥的穷鞋匠高兴呢?为什么拥有财富的千金小姐却整天忧心忡忡,不像每天必须外出劳动的农家女孩儿一样引吭高歌?有了这样的比较,相信小朋友大都会明白这个道理:金钱的确很重要,但是它不是万能的,而且有钱不一定会带来幸福。

金钱是由人发明的,财富也是人类创造出来的,所以,金钱对于人类来说只是一种工具罢了。生活中有很多事情也许不如金钱的"工具性作用"强大,但它却比金钱更有意义。而且,即使没有金钱,只要我们有大脑和双手,依然可以通过劳动创造其他的工具和财富,但是如果没有那些劳动,人类的生活就会变得苍白、枯燥、单调、令人厌烦。

小朋友,如果有一个人现在对你说:"给你1000万,但从现在开始你再也不能回家,不能见你的爸爸、妈妈和朋友,你只能用这1000万自己去生活,去做所有的事情。"你会答应吗?

肯定有很多小朋友都会使劲摇头。觉得这个主意很棒的小朋友可以尝试一下三天内不和任何亲人朋友交流、合作,相信远离人群的滋味可以让你体会到家庭的重要性。

幸福与否不是靠金钱的多少来衡量的,而是取决于一个人的内心。一个人可以拥有很多钱,但他不能用钱买到幸福、情感与健康。一个人可以不那么富有,如果他拥有自己比较满意的精神生活,他也可以过得很幸福,并且因为自己拥有亲情、友情和来自他人的关怀等珍贵无价的东西而感到富足。相反,一个富翁,如果始终得不到他人的关怀、照顾,对自己的生活永远处在不满足的状态,他一样会觉得自己很穷,因而很不快乐。

所以,小朋友,你们明白了吗? 金钱的确很重要,但是它的重要也仅仅局限于它方便了大家的生活罢了,它不能取代人们的日常生活,也不能购买人们的快乐、美好的心情和无价的友情。

FQ 加油站

谁击中了杀手

拿破仑身边有 A、B、C、D、E、F、G、H 8 个保镖。一次,有个杀手谋杀拿破仑未遂,正在逃跑的时候,8 个保镖都开枪了,杀手被其中一个人的子弹击中了,但不知道是谁击中的,下面是他们的谈话:

A:"可能是 H 击中的,或者是 F 击中的。"

B:"如果这颗子弹正好击中杀手的头部,那么是我击中的。"

C:"我可以断定是 G 击中的。"

D:"即使这颗子弹正好击中杀手的头部,也不可能是 B 击中的。"

E:"A 猜错了。"

F："不会是我击中的,也不是 H 击中的。"

G："不是 C 击中的。"

H："A 没有猜错。"

事实上,8 个保镖中有 3 个人猜对了。你知道谁击中了杀手吗?假如有 5 个人猜对,那么又是谁击中了杀手呢?

答　案

　　如果 8 个保镖中有 3 人猜对,杀手是 C 击中的;如果 8 个保镖中有 5 人猜对,杀手是 G 击中的。

2 乐观自信更易获得财富

　　遇到困难、挫折就唉声叹气;出现问题,立刻觉得自己很无能,再也不愿意振作起来;只相信别人的判断,不相信自己的能力与努力,人云亦云……这样没有自信的人怎么可能克服人生路上重重的困难,靠坚持和努力去获得财富呢? 相信小朋友肯定也会有同样的想法。

　　所以,要想获得财富首先就要让自己变成一个拥有自信的人。因为无数事实证明:一个乐观向上、积极自信的人在遇到问题时,会主动地解决问题,使事情朝着自己希望的方向发展,而心态消极自卑的人却总是等待事情的发生,面对失败不是找出原因,而是一味抱怨别人。当别人成功时,他会找出许多理由来说明别人的成功属于机会、巧合、偶然等。因此,如果小朋友现在还缺乏乐观自信的心态,那么就要开始培养了。你可以这么做:

　　每天告诉自己"我是最棒的!"并努力证明自己是最棒的,养成自信的好习惯。

　　快乐放松。快乐可以让你不感到劳累,放松可以产生迎接挑战的勇气。人轻松开心的时候,体内就会发生奇妙的变化,从而获得新的动力和力量。所以在奋斗的

过程中应该充满快乐,发掘、调动积极情绪,抵制和克服消极情绪,将消极情绪转化为积极有益的行动。

立足现在,挑战自己。不沉浸在过去,也不要沉溺于梦想,而要脚踏实地、着眼于今天。不断寻求挑战,激励自己。时刻提醒自己不要沉醉于已取得的成绩之中,而应把它作为迎接下次挑战的出发点。

自我期许,自我激励。你的心里能够设想和相信什么,你就能够用积极的心态去获得什么;你把自己想象成什么人,你就真的会成为什么人。暗示和激励要用正面积极的语言,比如,说"我一定成功",而不说"我不可能失败",说"学习对我来说很容易",不说"学习并不难"。

积累成功。成功是一种有力的激励,它可以增加你的信心,给你奋斗的力量,使你的意志更加坚强,帮助你确定未来的发展道路。所以,莫以"功"小而不为,成功地做好每一件小事,会激励你去追求更大的成功。

 FQ 加油站

3 只难以对付的八哥

　　罗伯特、丽莎、艾米是 3 只八哥,它们分别来自 3 个国家。其中来自 A 国的八哥一直说真话,来自 B 国的八哥一直说假话,来自 C 国的八哥特别有意思,它总是先说真话再说假话。

　　对于这 3 只难以对付的八哥,饲养员偷偷地录下了它们的对话,请你根据它们的对话说出这 3 只八哥分别来自哪个国家?

　　罗伯特说:"艾米来自 C 国,我来自 A 国。"

　　丽莎说:"罗伯特来自 B 国。"

　　艾米说:"丽莎来自 B 国。"

　　你能说出它们来自哪个国家吗?

 答 案

　　罗伯特来自 A 国;丽莎来自 B 国;艾米来自 C 国。

3 获取财富必须自立

　　要获取财富,除了要具备自信心外,还必须自立。什么是自立呢?自立就是:自己的衣服要自己洗;父母工作忙的时候,要学会自己做饭等。

　　一个自立的人可以独立应对奋斗过程中出现的各种挑战和困难,可以很好地解决问题,为自己创造各种各样的条件赢得获取财富的机会。很多富人都非常自立、自强,他们不会依靠别人去解决自己的问题。所以,小朋友必须从现在开始就培养自立的习惯。

　　生活中的点点滴滴,我们都可以把它当成锻炼自立能力的机会。只有这样,你才可以更好地掌握自立的本领,将来外出求学、走上社会,就不会依赖他人,就能自己照顾自己。那么从现在开始,动手做我们力所能及的事情吧,洗衣服、做饭、整理自己的房间等等。另外,你还可以做这些:

整理学习用品。收拾学习用品、整理书包，记住和准备好自己第二天该带的东西。不要总是丢三落四，依赖别人提醒你。

自己解决学习中的问题。学习上遇到了困难是你自己的事情，要开动脑筋左思右想，实在想不出来才能请求别人的帮助，不要动不动就去问别人。

安排好自己的学习时间。每天在完成学习任务后，再看电视、玩电脑或者做其他游戏，不要把今天的事情拖到明天，不要让爸爸、妈妈和老师催促才去读书写作业。

搞好个人卫生。自己收拾、打扫自己的房间；摆放好自己的衣服、日常用品并保持干净整洁。不要随手乱放，不要总是等待爸爸、妈妈给你整理和清洗。

饭后收拾碗筷。吃完饭收拾和清洗碗筷也是你自己的事情，不仅要清洗你一个人的碗筷，爸爸、妈妈的碗筷也要清洗。

FQ 加油站

野炊分工

兄弟 4 人去野炊，他们一个在挑水、一个在烧水、一个在洗菜、一个在淘米。现在知道：老大不挑水也不淘米；老二不洗菜也不挑水；如果老大不洗菜，那么老四就不挑水；老三既不挑水也不淘米。

你知道他们各自在做什么吗？

答案

老大洗菜，老二淘米，老三烧水，老四挑水。

4 时间就是金钱

有一个希望自己很富有的小男孩问上帝:"1万年对您来说有多长?"

上帝说:"像1分钟。"

于是,小男孩又问上帝:"那100万元对您来说有多少呢?"

上帝笑着说:"像1元。"

小男孩便请求上帝:"那您能给我100万元吗?"

上帝回答说:"当然可以,只要你能给我等于这个价值的1分钟。"

1分钟等于100万元,可是要获得这100万元,就要把这1分钟坚持下来,要在这1分钟里尽可能地做自己力所能及的事情,让每一秒都过得充实而有意义,能够使它匹配这100万元的价值。

通过这个故事希望让大家明白:时间就是金钱。时间对每个人来说都是一样的,每个人都珍惜时间,那每个人都可以变成富翁。关键问题是要怎样才能"把时间变成金钱",如何利用时间。如果只是什么也不做,把时间白白地浪费掉,你就什么也得不到。如果你利用同样的时间去努力做事,那么这段你努力的时间就会自然地变成金钱,供你拥有。

还有一种方法,时间可以直接变成金钱。前面我们讲过,如果你把钱存入银行,银行会根据存钱的时间长短来支付利息,假如你将200元钱在银行里存1年时间,那么1年以后你就可以得到200多元钱。这多出来的钱就是利息,就相当于是

1年的时间直接转化来的钱。你明白了吗?

所以,小朋友,你应该了解,使用不同的方式,就可以把时间转化成不同的东西。努力勤奋地学习可以让时间转化成优异的成绩和丰富的知识;合理的运动可以让时间转化成宝贵的健康;付出的劳动可以让时间转化成财富等。这些东西,不管是优秀的成绩、宝贵的健康,还是其他无形的财富都是大家渴望得到、对大家有好处的。它们也是金钱,只是不能用金钱直接购买罢了。

因此,我们常说时间就是金钱。小朋友,你们一定要珍惜时间啊!

FQ 加油站

制造小琥珀

准备工具:一个易拉罐,一只死掉的小昆虫,一个酒精灯,十克松香,一盒火柴,一把小刀

游戏方法:

1. 先用小刀把易拉罐的盖子撬开,把小昆虫放在盖子上。

2. 把松香放在一个易拉罐内加热,松香熔化后,就停止加热。

3. 待它冷却不再冒青烟时,倒在盖子上的小昆虫身上。

4. 待它逐渐冷却、凝固后,一个栩栩如生的人造"琥珀"就做成了。

原理揭秘:松香的颜色类似于琥珀的颜色。给松香加热,它就会由固体变为液体,如同水状,并会冒出青烟;当冷却时却会变得黏稠,然后再倒在某种昆虫身上,冷却后松香不会流淌。

5 积累财富需要坚持

三天打鱼两天晒网,不能成功。

有目标,没有信念,不能成功。

有方法,不去实践,不能成功。

有失败,不敢挑战,不能成功。

要想成为一个拥有高财商的成功人士,可真不简单,如果上面列举的这些不能成功的坏习惯,你有两条或两条以上,那一定要注意了。要记住:只有坚持才能克服困难,取得最后的胜利。一个能够坚持努力、坚持信念的人,机会永远都会向他招手。

佛教的创始人释迦牟尼悟道之前是一个太子,从小家庭条件优越,生活很富裕。有一天,爱学习、爱思考的释迦牟尼决定献出自己的一生,去寻找能够使人们解脱的真理。于是,他向自己的父亲提出出家修行的请求。但是他的父亲不理解,也不同意,在释迦牟尼潜心修行、努力探索真理的路上设置了很多的障碍,还用尽财食名色等来诱惑他,但是释迦牟尼坚持自己的做法,坚定自己的信念,抗拒了所有的阻力,并独自在山林中苦修了六年,最后他在菩提树下静坐七天,获得了真理。

释迦牟尼的成功就是源于"坚持"这两个字。在奋斗的道路上,肯定会遇到很多阻碍和困难,而且重复地进行一件事,有时也难免会觉得平淡乏味。尤其是小朋友刚开始学习管理金钱时,控制金钱、计划金钱划消费等都是不太轻松的事情。这样的生活和逍遥自在、由爸爸妈妈管理一切、自己只管吃喝玩乐的生活相比,难免容易让人觉得懈怠,想要放弃。

不过,凡是能够在这个过程中坚持下来的小朋友,肯定会获得成功。这是因为,只有具备坚强意志的人,才能有源源不断的动力和勇气克服困难。虽然"坚持"听起来好像需很长很长的时间,但只要你去脚踏实地地行动了,就会非常简单。只要像小闹钟一样,坚持每秒滴答一下,一年就可以滴答三千二百万次。小朋友,你说简单吗?

FQ 加油站

门铃逻辑

某户人家的门铃声整天在响,令其苦不堪言。于是,他请一位朋友想办法解决。

这位朋友帮他在大门前设计了一排 6 个按钮,其中只有一个是通门铃的。来访者只要摁错了一个按钮,哪怕是和正确的同时摁,整个电铃系统都将立即停止工作。

在大门的按钮旁边,贴有一张告示,上面写着:"A 在 B 的左边;B 是 C 右边的第三个;C 在 D 的右边;D 紧靠着 E;E 和 A 中间隔一个按钮。请摁上面没有提到的那个按钮。"

这 6 个按钮中,通门铃的按钮处于什么位置?

答 案

通门铃的按钮是从左边数第五个。如果令 F 表示该按钮,则 6 个按钮自左至右的位置依次是 D、E、C、A、F、B。

6 诚信比金钱更重要

　　小朋友一定听过《狼来了》的故事吧,故事里的小孩子一而再、再而三地捉弄善良的人们,结果失去了大家的信任,因此当羊群真的受到狼的伤害时,人们尽管就在附近却没有给予他任何帮助。这个著名的经典故事就是告诉大家诚信品质的重要性。

　　什么是诚信呢?诚信就是小朋友在生活中要做到待人处世真诚、老实,做事要一诺千金。坚决反对隐瞒欺诈、弄虚作假。

　　古往今来,有很多人因坚守诚信而留下美名传四方。比如西汉的季布一诺千金的故事,大哲学家康德为了守时而花钱买屋修桥的故事等等。这些人无一例外地都把诚信看做自己的生存之本,重视它,坚守它、为自己收获了充满信赖、友情和互助的美好生活,也为别人营造了一种温馨、可以互相依靠的社会环境。这些诚信的人非常值得佩服和学习。

另外,现在有很多人都喜欢使用信用卡。信用卡是一种可以代替现金使用的银行借记卡,尤其是当人们需要购买一些昂贵的物品时,可以不用随身携带大量的现金,只要刷卡就可以了。消费后,只要在规定的日期把用掉的钱还给银行就行了。这种消费既避免了携带现金的不安全和不方便,又保证了消费的方便,所以它正在以很快的速度成为大家都乐于接受的消费方式。可是,随之而来也产生了很多问题,其中最重要的一条就是很多人不能做到按时还清信用卡的欠款,结果使自己成为一个信用不良者。

小朋友,可不要小看"信用不良者"这个称号。要知道,一旦成为信用不良者,就会带给你很多不良影响,比如你再去银行办事时会受到一定的限制,在以后的工作、旅行或者出国工作、留学时也会有不同程度的限制,其具体程度要看你个人的信用不良程度。而且,就算是还清了欠款,这种不良记录也会一直被银行记录,使你今后受到影响。

小朋友,你明白了吗?在现代社会中,一个人的诚信和一个人的生命一样,都非常重要。拥有诚信的品质非常有意义,因此,希望大家以后都能坚守诚信,如果对别人做了有违信用的事情,一定要尽快想办法改正和弥补。

FQ 加油站

不可靠的预测机

人工智能专家发明了一台预测机,任何人都可以问它一小时之中会不会发生某件事。如果预测机预知这件事会发生,就亮绿灯,表示"会";如果亮红灯,就表示"不会"。这个机器一经推出就受到很多人的欢迎,特别是警察局的警员,因为这样可以减轻他们的工作负担。但只有局长不高兴,因为他知道预测机根本就不可靠,他的担心用一句话就可以验证。

请问：你知道局长想到了一句什么话吗？

局长说："预测机下一个预测结果会亮红灯。"如果预测机亮红灯表示"不会"，那么预测机就预测错了，因为事实上它已经亮起了红灯。如果它亮绿灯说"会"，这也错了，因为实际上亮的是绿灯，而不是红灯。这样预测机就预测不准确了。

7 炫耀金钱并不是好品德

　　小勇看到有些叔叔、阿姨的手上戴好几个金戒指,门牙也要专门换成金光灿灿的大金牙。他很奇怪:为什么这些叔叔、阿姨那么爱炫耀自己的财富呢?难道炫耀金钱真的可以让人更富有或者更高兴吗?

　　答案当然是否定的。炫耀金钱除了能满足个人的虚荣心外,别的什么都不会得到。即使得到暂时的满足,过后也会感到空虚,因为一个人所渴望的真挚的情感、尊重不是靠炫耀就能得到的。其实,这些道理在前几章已经反复给大家讲过:金钱是拿来用的,而不是拿来炫耀的。大肆炫耀金钱的行为只能让别人感到这个人的浅薄与无知。所以,小朋友,千万不要做这种愚蠢的事情哦。

　　在这里,还要告诉大家,其实越是有钱的人,越会慎重地使用金钱。因为,他们从自己赚钱、管理钱的实践中明白:真正能赢得别人尊敬的是一个人对待金钱、对

待生活的态度,而不是钱袋的饱胀程度。另外,小朋友一定不要让金钱占据自己的全部生活,而是应该做到开源节流、管好金钱、用好金钱、方便生活,同时不断充实自己、提升自己的综合素质。

FQ 加油站

啰唆的自我介绍

一个特别喜欢炫耀的人,每次向别人介绍自己办公室的同事情况时,总这样说:"我和王先生、张先生、李小姐三人之间是直接的上下级关系;王先生和赵小姐之间有工作联系;张先生和董先生之间是直接的上下级关系;李小姐和杜小姐有工作联系;赵小姐和董先生工作联系多;董先生和杜小姐工作联系也多。我常常给王先生、李小姐安排工作任务;董先生给赵小姐安排工作任务;张先生给董先生安排工作任务;董先生给杜小姐安排工作任务。我从张先生那里接受工作任务。"

根据这番啰唆的话推断出他们之间分别是什么关系。

答 案

张先生是最高领导人,张先生直接给"我"和董先生安排工作;"我"直接给王先生、李小姐安排工作;董先生直接给赵小姐、杜小姐安排工作。

8 为他人花钱也是种幸福

　　买到了梦想已久的玩具，吃到了渴望已久的美味，去了日思夜想的名胜古迹……这些都是足以让自己感到幸福的事情，尤其是当自己为实现这些目标也付出了很多努力后，满足感会更加强烈。

　　可是，如果积攒了很久的金钱，付出了很多的努力，详细计划了很长时间，最后把这些都用在为亲人购买他们需要的东西上，你觉得第一种情况和这种情况哪种更会让人觉得满足呢？

　　有的小朋友可能会不假思索地选择第一种："当然是给自己买东西更幸福。"有的小朋友可能会很不好意思地选择第一种："大人们有能力去实现自己的愿望，为什么还要我们去花钱啊？"

其实,不管是什么样的原因,做这个假设的目的都是为了提醒小朋友:世界上有一种比为自己花钱更有意义、更幸福的事情,那就是用自己的努力为别人花钱。

为自己花钱确实可以得到物质上很大的满足,不过,请你仔细想一想:一生中我们为自己花钱的地方和时间可以有很多、很长。只要我们用心生活、努力工作,等有了经济能力后就可以为自己花钱。而为他人花钱的机会相比之下就没有这么多了。爷爷奶奶有什么好吃的、好玩的第一时间先想着给你吃、给你用,自己却省吃俭用,如果你现在不抓紧时间来孝敬一下他们,万一哪一天他们离开了这个世界,你还会有机会吗?

爸爸妈妈辛辛苦苦工作,为你提供衣食住行,努力让你健康快乐地成长,他们以你的快乐为自己的快乐。当你长大时,他们却在慢慢老去,如果你现在不利用时间为他们做点什么,以后还会有多少机会呢?

世界上有很多和你一样的小伙伴和爸爸妈妈一样的大人、和爷爷奶奶一样需要关爱的老人,他们为这个世界付出了很多,他们的努力、对别人的关爱、对陌生人的帮助让你生活在一个繁华、温暖和可爱的社会里。如果你不回报一些什么,那是不是有点对不起他们呢?

也正是出于这样的原因,现在有很多事业有成的人正在尽他们自己最大的努力为他人付出着:他们热衷于公益事业,帮助残疾人,帮助不能上学的小朋友,帮助因为自然灾害而不能正常生活的人们等等。他们在为别人花钱,但是自己却收获了更多的快乐、更多的满足、更有意义的幸福。

小朋友,你注意看了吗? 在那些热心善良的人们脸上总是会流露出让人沉醉和羡慕的幸福笑容。你们应该牢记:为他人花钱也是一种有意义的幸福。

FQ 加油站

谁买了什么

A、B、C、D 四个朋友到某商厦购物。他们分别买了一块表、一本书、一双鞋和一架照相机。这四样商品分别在一至四层购买,当然,上述四样商品的排列顺序不一定就是它们所在楼层的排列顺序,也不一定等同于买主被提及的顺序。

如何根据以下线索,确定谁在哪一层购买了哪样商品:

A 去了一层;表在四层出售;C 在二层购物;B 买了一本书;A 没有买照相机。

答案

A 在一层买了一双鞋,B 在三层买了一本书,C 在二层买了一架照相机,D 在四层买了一块表。

调 整 理 财 心 态

175

9 有钱不一定就是富有

　　银行里有大量的存款,买得起昂贵的轿车、最新的电器、限量版的服饰,能轻松出入于高级餐馆……这些都是有钱的表现。但这真的就能代表一个人很富有吗?

　　小勇曾经在报纸上看到过这样的新闻:开宝马车的大老板驾车撞了人,却连一点基本的道德观和法律意识都没有,不仅没有积极救助被撞伤的人,而且还驾车逃逸,并想花钱让自己逃脱法律的制裁。小勇和他的同学都觉得这样的人即使有再多的钱,也会让人看不起,因为他没有做人的最基本的道德。小勇对妈妈说:"即使自己的朋友没有很多钱,但是他的真挚友情、善良品质都会让我觉得他是世界上很富有的人。"

　　小勇说得没错。其实,富有与否并不仅仅是由金钱的多少来决定的,而是取决于一个人的内心感受和做人的品质。腰缠万贯的人如果内心觉得钱依然不够用,而不够幸福和快乐,那他就不算是富有,因为他有太多的欲望,所以他在精神上是贫穷的。家有亿万财产的人如果做人没有原则、不

讲诚信、自私自利,那他也不算富有,因为他被金钱所奴役,变成了受利益驱使的奴隶,不懂得爱、不懂得分享与关怀,因此他在生活上也是贫穷的。

但是,如果一个普通的人,虽然只有少量的存款,每天要辛苦地工作才能维持生活,但是他乐善好施,待人真诚,懂得感恩,知道付出爱、回报被爱,这样的人尽管生活得很简朴,但是却时时被别人需要、被他人关怀,那么他很富有。小朋友,你能明白这些道理吗?

亚洲首富李嘉诚,有几百亿的巨额财富,论金钱的数量他确实很有钱。但是,他也认为财富是不能单单用金钱来衡量的。他认为能够在这个世界上对其他需要帮助的人有贡献,才是真富有。所以他是亚洲有史以来最伟大的公益慈善家。希望小朋友能够记住李嘉诚爷爷相信的这句话,并能用它来帮助自己明白富有的真正含义,这句话就是:内心的富有才是真正的财富。

可以捐赠的方式

1. 向慈善机构捐赠。已被认可的慈善机构比较有保障,可以按月或按年捐。

2. 参与团体捐赠。比如学校通常会组织一些捐赠活动,如向希望小学捐书、向受灾地区捐衣物等。

3. 单独捐赠。去一些比较有知名度或信誉好的政府或慈善机构寻求需要帮助的人们,可以是比你小的小朋友,也可以是与你同龄的伙伴,或者直接在学校里找需要帮助的同学。可以通过写信鼓励、交流,寄送图书等方式施行救助,但要量力而为。

FQ 加油站

别墅惨案

一天上午,杰克和约翰去看望住在郊区别墅的金姆森太太。平常他们进去都要按门铃,今天的门却是虚掩着的。杰克和约翰推开门进去,在一楼餐厅里发现了金姆森太太的尸体,看上去,她已经遇害十多天了。

她是在用餐的时候遭到突然袭击的,一柄尖刀贯穿胸口,瞬间夺去了她的生命。凶手随后洗劫了整幢别墅。

杰克和约翰伤感地坐在别墅前面的台阶上,送来的报纸堆满了整级台阶,而订阅它的人却永远不会再报了。别墅的台阶下,还放着两瓶早已过期的牛奶,也是金姆森太太定的。聪明的杰克看到这些以后,花了 5秒的时间就知道了凶手是谁。你知道吗?

答　案

凶手是送牛奶的人。因为只有知道金姆森太太已经遇害,他才会不再到这里送牛奶,而送报纸的人显然不知道这一点,每天仍然准时把报纸送来。

因此,送报纸的虽然每天都来,却因此被排除了嫌疑。送牛奶的人作案后,显然没有想到这桩凶案在十多天以后才被人发现,他停止送奶的行为恰恰暴露了自己的罪行。

越富有越节俭

"有钱的人肯定会生活得很奢华,吃最好吃的零食,穿最漂亮的衣服,住最大的房子,开最好的车子,而且肯定不会对打折、优惠这样的信息感兴趣,他们一定会一掷万金也毫不心疼……"小勇的同学小强总是这么向往有钱人的生活,而且总爱设想富人的生活"肯定会怎样怎样奢华"。妈妈批评小强这是拜金主义的想法,小强却不服气地说:"难道钱不是用来花的吗?"

钱确实是用来花的,但它肯定不是用来浪费的。小朋友们关于越有钱就越奢侈的想法大多数都来自于自己的"想当然",当然也有电视、广告等媒体的错误引导。实际上,真正富有的人的生活大都是很节俭的。瑞典宜家公司的创始人英瓦尔·坎普拉德,身价数百亿美元,但却常年身着一件退色的外套,脚穿一双磨损的旧鞋,戴着一副老式眼镜,经常让别人误以为他是需要靠养老金勉强过日子的"穷老头"。

瑞士是非常有名的"手表王国",但瑞士的很多富翁手上戴的并不是"劳力士"、"欧米茄"等豪华品牌手表,而只是普通手表,有的甚至戴着中国老百姓都不愿戴的塑料电子表。

著名影星成龙功成名就、日进斗金,但是仍不改节俭美德。他自己说:"我住比佛利山饭店的时候,只用过饭店的香皂一两次。我会用浴帽把用剩的香皂包起来带走,在旅途中继续使用。"

小朋友,你看,节俭根本不是像有的小朋友想象的那样让人丢脸,相反,它是很多人所具有的一种美德。富人花钱具有明确的目的性和计划性,该花的就花,不该花的一分也不会浪费,尽量把它节省下来。你可千万不要小看这样的节省,其实,正是因为他们这样节俭,才使得很多人能够成功地管理自己的金钱,让有限的资金发挥最大的效用。这正是财商理财的一条重要法则:越富有越节俭。你能记住并且身体力行吗?

另外,还要告诉你们一个小细节:富人的节俭还表现在他们的善于理财上。有调查表明:富人投入在理财规划上的时间要比一般人多出许多,七成以上的富人每周花在理财上的时间至少有四小时,有的甚至达到了十几个小时呢。所以,小朋友,要想成为成功的人,就要加紧提高自己的财商,督促自己培养文中所讲的那些良好习惯哦。

5个鸭梨6个人吃

蕾蕾家里来了 5 位同学。蕾蕾想用鸭梨来招待他们,可是家里只有 5 个鸭梨,怎么办呢? 谁少分一份都不好,应该每个人都有份(蕾蕾也想尝尝鸭梨的味道)。那就只好把鸭梨切开了,可是又不好切成碎块,蕾蕾希望每个鸭梨最多切成 3 块。于是,这就又面临着一个难题:给 6 个人平均分配 5 个鸭梨,任何一个鸭梨都不能切成 3 块以上。蕾蕾想了一会儿就把问题给解决了。你知道她是怎么分的吗?

答案

鸭梨是这样分的:先把 3 个鸭梨各切成两半,把这 6 个半块分给每人 1 块。另两个鸭梨每个切成 3 等块,这 6 个1/3也分给每人 1 块。于是,每个人都得到了一个半块和一个1/3块,也就是说,6 个人都平均分配到了鸭梨,而且每个鸭梨都没有切成多于3块。

图书在版编目（CIP）数据

优秀小学生财商大提升 / 学习型中国·读书工程教
研中心主编 . —— 南京 : 江苏凤凰科学技术出版社，
2016.8

（小学生爱读本）

ISBN 978-7-5537-5304-1

Ⅰ . ①优… Ⅱ . ①学… Ⅲ . ①财务管理 – 少儿读物
Ⅳ . ① TS976.15–49

中国版本图书馆 CIP 数据核字 (2015) 第 216890 号

优秀小学生财商大提升

主　　　编	学习型中国·读书工程教研中心
责 任 编 辑	张远文　　葛　昀
责 任 监 制	曹叶平　　方　晨

出 版 发 行	凤凰出版传媒股份有限公司
	江苏凤凰科学技术出版社
出版社地址	南京市湖南路 1 号 A 楼，邮编：210009
出版社网址	http://www.pspress.cn
经　　　销	凤凰出版传媒股份有限公司
印　　　刷	北京富达印务有限公司

开　　　本	718mm×1000mm　1/16
印　　　张	11.5
字　　　数	135 000
版　　　次	2016 年 8 月第 1 版
印　　　次	2016 年 8 月第 1 次印刷

标 准 书 号	ISBN　978-7-5537-5304-1
定　　　价	24.80 元

图书如有印装质量问题，可随时向我社出版科调换。